Mario Kheir
George Dib

Turbo Codes et BICMs

Mario Kheir
George Dib

Turbo Codes et BICMs

Éditions universitaires européennes

Impressum / Mentions légales

Bibliografische Information der Deutschen Nationalbibliothek: Die Deutsche Nationalbibliothek verzeichnet diese Publikation in der Deutschen Nationalbibliografie; detaillierte bibliografische Daten sind im Internet über http://dnb.d-nb.de abrufbar.
Alle in diesem Buch genannten Marken und Produktnamen unterliegen warenzeichen-, marken- oder patentrechtlichem Schutz bzw. sind Warenzeichen oder eingetragene Warenzeichen der jeweiligen Inhaber. Die Wiedergabe von Marken, Produktnamen, Gebrauchsnamen, Handelsnamen, Warenbezeichnungen u.s.w. in diesem Werk berechtigt auch ohne besondere Kennzeichnung nicht zu der Annahme, dass solche Namen im Sinne der Warenzeichen- und Markenschutzgesetzgebung als frei zu betrachten wären und daher von jedermann benutzt werden dürften.

Information bibliographique publiée par la Deutsche Nationalbibliothek: La Deutsche Nationalbibliothek inscrit cette publication à la Deutsche Nationalbibliografie; des données bibliographiques détaillées sont disponibles sur internet à l'adresse http://dnb.d-nb.de.
Toutes marques et noms de produits mentionnés dans ce livre demeurent sous la protection des marques, des marques déposées et des brevets, et sont des marques ou des marques déposées de leurs détenteurs respectifs. L'utilisation des marques, noms de produits, noms communs, noms commerciaux, descriptions de produits, etc, même sans qu'ils soient mentionnés de façon particulière dans ce livre ne signifie en aucune façon que ces noms peuvent être utilisés sans restriction à l'égard de la législation pour la protection des marques et des marques déposées et pourraient donc être utilisés par quiconque.

Coverbild / Photo de couverture: www.ingimage.com

Verlag / Editeur:
Éditions universitaires européennes
ist ein Imprint der / est une marque déposée de
OmniScriptum GmbH & Co. KG
Heinrich-Böcking-Str. 6-8, 66121 Saarbrücken, Deutschland / Allemagne
Email: info@editions-ue.com

Herstellung: siehe letzte Seite /
Impression: voir la dernière page
ISBN: 978-3-8381-8465-4

Copyright / Droit d'auteur © 2014 OmniScriptum GmbH & Co. KG
Alle Rechte vorbehalten. / Tous droits réservés. Saarbrücken 2014

TABLE DES MATIERES

PARTIE I: TURBO CODES

1

3

PARTIE I:

TURBO CODES

I.1-INTRODUCTION:

C'est en 1993 que les turbo codes, inventés dans les départements Electronique et Signal et Communications de l'ENST Bretagne (Berrou, Glavieux), ont été présentés à la communauté scientifique internationale. Ils ont suscité un intérêt considérable, autant dans le monde académique (plus de 1000 publications recensées à ce jour sur le sujet) que dans le monde industriel et dans les comités de normalisation (CCSDS, UMTS, DVB-RCS, DVB-RCT, ...). Ils ont fait l'objet de dépôt de brevets par France Telecom et Télédiffusion de France. Actuellement Turbo Concept est le représentant exclusif de France Telecom pour l'obtention d'une licence concernant ces brevets.

Les turbo-codes sont une illustration du principe selon lequel un traitement complexe peut, sous certaines conditions, être remplacé par des traitements élémentaires répétés de manière itérative. Bien entendu, ce principe s'applique à d'autres domaines que celui du codage. Il peut être utilisé pour démoduler puis décoder une modulation à mémoire (modulation de fréquence à phase continue) associée à un code correcteur d'erreurs ou encore pour égaliser un canal de transmission en présence de codage. Ce principe semble aussi pouvoir s'appliquer pour améliorer les performances d'un récepteur en présence de diversité. Sur ces différents aspects de l'effet "turbo", les départements Electronique et Signal et Communications consacrent une part importante de leur activité de recherche et tentent ainsi, de conserver leur place sur le plan international dans le domaine de ce qui pourrait s'appeler les *turbo-communications*.

Actuellement, les activités de recherche du département portent sur :

• les performances comparées des concaténations dites parallèle et série,

• le choix des codes élémentaires, codes convolutifs ou codes algébriques (BCH, LDPC, ...),

• les propriétés de convergence et l'accélération des traitements itératifs,

• les permutations dans le cas d'une concaténation parallèle, dont les caractéristiques déterminent les gains asymptotiques (ce problème qui intéresse aujourd'hui un nombre croissant de mathématiciens est probablement le plus excitant intellectuellement et dépasse assez largement le simple contexte du codage correcteur : comment gérer le désordre ?),

• les architectures de décodage, en particulier les différentes versions possibles pour l'algorithme MAP (Maximum A Posteriori) sur lequel les turbo codes convolutifs s'appuient pour obtenir les performances les plus proches des limites théoriques, ou encore les algorithmes SISO (Soft-In/Soft-out) rapides pour les codes BCH,

• les décodeurs analogiques qui permettraient de lever les inconvénients du traitement répété et de diminuer fortement les latences conduisant ainsi à un accroissement de la rapidité de traitement tout en réduisant la surface occupée et la consommation,

• l'association de modulations à grands nombre d'états avec des turbo codes,

• la généralisation du traitement turbo aux différentes fonctions d'une chaîne de transmission numérique : multi-capteurs, démodulation, détection, égalisation, synchronisation, compression.

Depuis quelques années, les recherches sur l'égalisation s'orientent vers les systèmes auto-adaptatifs (ou aveugles), pouvant fonctionner sans séquence d'apprentissage, en particulier en phase de convergence ou d'acquisition. Les égaliseurs aveugles sont généralement linéaires transverses, ce qui limite leur utilisation à des canaux peu sévères et les algorithmes associés à la phase d'acquisition sont de type CMA (*Constant Modulus Algorithm*) ce qui peut générer une erreur résiduelle importante selon les canaux.

Les études menées à l'ENST de Bretagne au sein du département Signal et Communications ont apporté une contribution significative sur un système d'égalisation adaptative aveugle récursif nommé SA-DFE (Self Adaptative Decision Feedback Equalizer) qui permet de traiter des canaux très sélectifs en fréquence. D'une structure linéaire en phase d'acquisition, le système peut commuter de façon réversible en phase de poursuite, ce qui confère au système proposé les performances d'un DFE classique associé à une convergence rapide.

Ces études ont été menées pour des canaux très sélectifs en fréquence et non-stationnaires (canaux sous-marins) et également pour des modulations à grand nombre d'états en mode continu.

Une thèse de doctorat au département Electronique a permis de définir un modèle VHDL synthétisable d'un circuit dédié au SA-DFE utilisable par programmation en mode continu mais aussi en mode paquet (différentes applications de France Telecom R&D) pour différentes modulations (2, 4 et 16 états). En technologie CMOS 0.35µm, le circuit occupe 23 mm^2 et fonctionne à une fréquence de 220MHz, permettant, pour une modulation MDP4, d'atteindre un débit de 2.5 Mégasymboles avec 6 coefficients dans le filtre récursif et 20 dans le transverse.

I.2-ETUDES THEORIQUES DU CODAGE:

A-DEFINITION:

Qu'est-ce que les Turbo Codes ?

Toute information, qu'il s'agisse de vidéo, de voix ou de données, peut subir des transformations lors d'une transmission à distance. Ceci peut être dû à des réflexions multiples sur des obstacles, ou à des atténuations dues au canal de transmission. Pour protéger les données numériques lors d'un transfert, il existe des technologies de codage correcteur d'erreur (FEC), ou codage de canal, qui ajoutent une information de redondance selon des règles qui sont connues du récepteur. Il permet donc d'extraire au mieux l'information d'origine, même si le signal est fortement altéré.

Les Turbo Codes ont marqué une véritable rupture technologique dans le domaine des codes correcteurs d'erreurs. En effet, l'introduction d'un procédé itératif au niveau du décodage a permis d'obtenir des gains de performance considérables et d'approcher les limites théoriques de transmission sans erreurs, plus connues sous le nom de "limite de Shannon". Ceci a eu pour effet de dynamiser la recherche dans le domaine du codage correcteur d'erreur, aujourd'hui très actif et très compétitif, alors qu'il était en relative stagnation dans les années 90.

B-LES CONCEPTS MIS EN OEUVRE DANS LES TURBO CODES:

Pour parvenir à une performance quasi-optimale, les turbocodes exploitent un certain nombre de concepts innovants, tant du côté du codage que de celui du décodage. Aujourd'hui, dans de nombreux laboratoires, ces concepts font l'objet d'études approfondies et aussi d'extensions à des fonctions autres que le codage correcteur.

Tout d'abord, l'idée originale majeure exploitée dans la construction du turbocode, est un concept largement répandu dans de nombreux domaines scientifiques : plutôt que de vouloir traiter en une fois un problème complexe (un seul code convolutif avec plusieurs dizaines de mémoires), ne peut-on pas séparer ce problème en deux sous-problèmes simples et les traiter successivement en mettant en oeuvre un processus itératif ? En l'occurrence, sachant que la complexité du décodeur croît de manière exponentielle avec le nombre de mémoires du codeur, il vaut bien mieux décoder deux petits codes qu'un seul code dont le nombre d'états possibles (si le codeur possède m mémoires, le nombre d'états possibles est 2m) se compterait par milliers ou millions.

Cette idée de processus itératif pour faciliter le décodage, met en œuvre le concept de contre-réaction, principe essentiel du turbodécodage. Ce principe est d'ailleurs maintenant appliqué à d'autres problèmes de traitement de l'information tels que la démodulation (opération d'extraction des informations binaires à partir des signaux analogiques reçus), l'égalisation (fonction correctrice des défauts du canal de transmission), la synchronisation (récupération des bases de temps à partir des signaux reçus). Si on savait la mettre en oeuvre dans la vie courante, la contre-réaction serait la technique qui permettrait, en remontant le temps, de revenir sur des décisions ou des choix malheureux, et ainsi d'éviter les erreurs, les accidents, les conflits... Dans un circuit électronique, remonter le temps est possible, puisque les informations reçues peuvent être mises en mémoire et disponibles à tout instant, jusqu'à un certain niveau de rétrospection. Il est alors possible de tirer parti des observations prises à l'instant courant pour modifier, si possible dans le bon sens, les décisions prises dans le passé.

Le principe du décodage s'appuie aussi sur un autre concept original d'information extrinsèque, illustré ici par une situation de la vie quotidienne. Supposons que vous vouliez, avant de l'acheter, vous faire une opinion sur un livre récent. Vous vous procurez deux journaux spécialisés avec l'intention de faire une synthèse. La critique est très mauvaise dans les deux cas et vous n'achetez pas le livre. Ce que vous ne saviez pas, c'est qu'il s'agissait du même critique qui, intervenant sous deux pseudonymes différents, a éreinté le livre dans les deux journaux. Vous vous êtes fait posséder par la corrélation. Deux informations corrélées sont deux informations qui, en partie ou en totalité, proviennent de la même source et un organe de décision ne doit absolument pas utiliser deux fois la même information sous peine de voir une erreur s'amplifier, s'il s'agit d'un traitement répété. L'information extrinsèque, c'est justement ce qui aide à échapper à la corrélation, c'est ce qui est apporté de vraiment nouveau par une information complémentaire, et qui n'a pas encore été exploité dans la prise de décision. Ainsi, si vous pensez, en première analyse, que la deuxième ligne de la grille de l'illustration 5 contient "GAMMA" et que vous tenez mordicus à la première lettre : "G", vous aurez du mal à converger. Il faut aussi tenir compte des autres lettres de la première colonne : "D-DUS" qui constituent l'information extrinsèque relative au "G" supposé.

C-STRUCTURE DES TURBO CODES

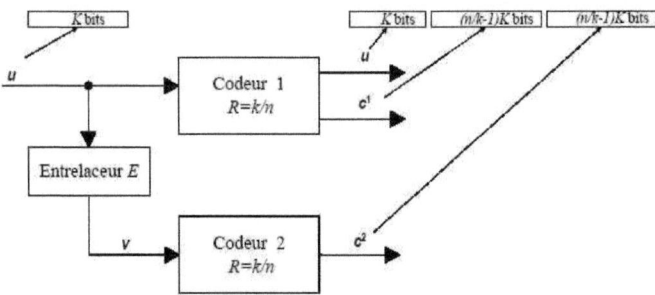

Le rendement global du turbo code est égale à:

$$R_T = \frac{1}{2^{\frac{n-k}{k}} + 1}$$

La fonction d'entrelacement modifie l'ordre de sortie des K bits d'information.

Un entrelaceur E de taille K est défini par sa matrice de permutation PI de dimension K*K:

$$\mathbf{v} = \mathbf{u}\Pi \qquad \text{avec} \quad \mathbf{u} = [u_0, u_1, \ldots, u_{K-1}]$$
$$\mathbf{v} = [v_0, v_1, \ldots, v_{K-1}]$$
$$\Pi = \{a_{ij}\}_{K \times K} \quad \text{avec} \quad a_{ij} \in \{0, 1\}$$

Si $a_{ij}=1$ alors le bit u_i est associé au bit v_j.

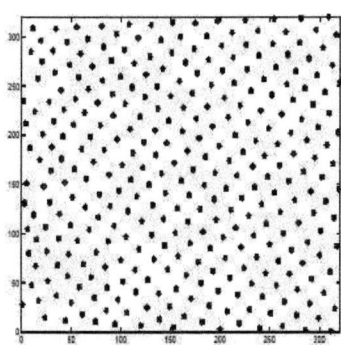

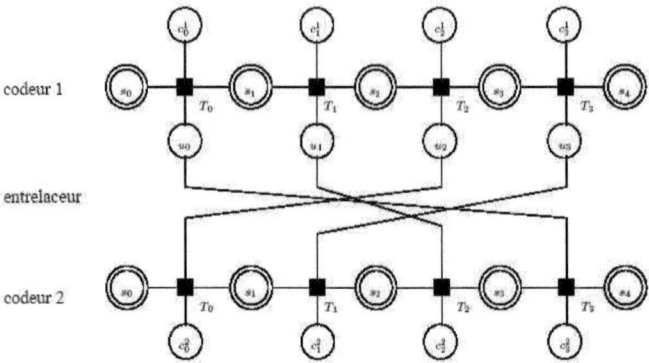

*Il est possible d'éffectuer une perforation en sortie du codeur:

*2 critères de construction de l'entrelaceur:
-L'entrelaceur doit permettre d'améliorer la distribution de poids des codes conncaténés   et d'augmenter leurs distances minimales.
-L'entrelaceur doit garantir le meilleur passage de l'information extrinsèque d'un décodeur a l'autre.

*Le rôle de terminaison est d'éviter les mots de code de faible poids en ajoutant enfin de séquences de plusieurs bits afin de ramener l'état interne du où des codeurs convolutifs a l'état zero.

D-ETUDE DES PERFORMANCES MOYENNES DES TURBO CODES:

On utilise un entrelaceur uniforme qui associe une séquence d'entrée de poids   avec les séquences distinctes

$$\binom{K}{w}$$

de poids   ,chacune avec la même probabilité:

$$p = 1 / \binom{K}{w}.$$

La fonction IRWEF d'un codeur RSC dont la sequence d'entrée C est terminée et de longueur K bits est la suivante:

10

$$A^C(W, Z) = \sum_{w=w_{min}}^{K} W^w A^C(w, Z) \quad \text{avec} \quad A^C(w, Z) = \sum_{z=z_{min}}^{\frac{n-k}{k}K} A_{w,z}^C Z^z$$

$A^C_{(W,Z)}$ est le nombre de mots de code de C dont le poids de la séquence d'entrée est égale à   et dont le poids de la séquence des bits de redondance est égale a z. Wmin est le poids minimale des séquences d'entrée .

Les coefficients de la fonction d'énumération de poids IRWEF moyenne $A^C_{P(W,Z)}$ s'exprime comme suit:

$$A^{C_P}(w, Z) = \frac{[A^C(w, Z)]^2}{\binom{K}{w}}$$

Pour les codes convolutifs concaténés en parallèle ,le gain d'entrelacements est égale à : $K^{1-}{}_{min}$

Dans le cas des codeurs convolutifs récursifs ,comme Wmin=2, le gain d'entrelacement est égale à: 1/K.

Dans le cas des codeurs convolutifs non récursifs,Wmin=1, il n'y a aucun gain d'entrelacement.

Comparaison des performances moyennes de codes PCC de rendement Rt=1/3 composé de codes RSC(7,5) (en trait pointillé) et RSC(15,17) (en trait continu) et d'un entrelaceur uniforme K=100 et K=1000.

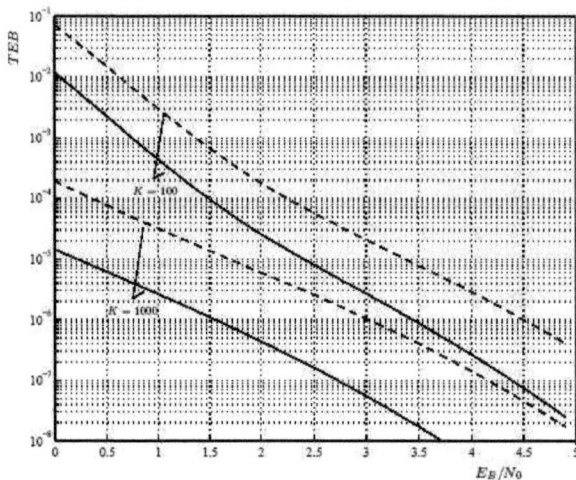

La complexité du calcul exact de APP(Ui) dans une structure concatenée croît exponentiellement avec la longueur de la séquence d'information.

L'objectif du décodage itératif est d'éxploiter la structure du graphe du codeur PCC composé de 2 graphes élémentaires sans cycle pour factoriser la probabilité à postériori:

$$APP(u_i = a) = Pr\{u_i = a \mid \mathbf{y}^\mathbf{S}, \mathbf{y}^1, \mathbf{y}^2\}.$$

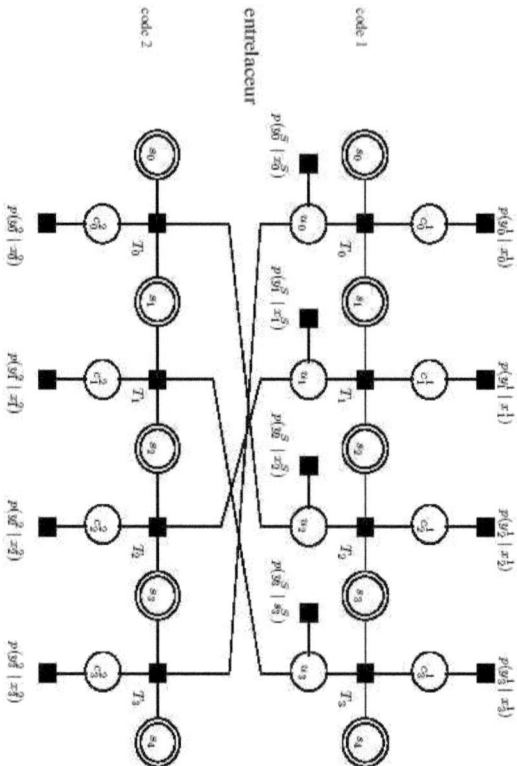

DECODAGE ITERATIF DES TURBO CODES

A chaque itération $1 < 1 <= lt$:

Le décodeur l calcule alors les probabilités éxtrinsèques $\text{EXTR}^{1(l)}(x^S_i)$:pour les K bits d'information à partir des observations relatives au premier codeur et des probabilités à priori $\text{APRI}^{1(l)}(x^S_i)$:

$$\text{EXTR}^{1(l)}(x^S_i=a)= \sum_{\substack{x^S, x^S_i=a}} \prod_{\substack{j=0, j \in I}}^{K-1} \text{APRI}^{1(l)}(x^S_i)p(y^S_i| x^S_j) \prod_{j'=0}^{N-K-1} p(y^1_{i'}| x^1_{j'})$$

$\text{EXTR}^{1(l)}(x^S_i=a)$ est la probabilité éxtrinsèque .

14

et $APRI^{1(l)}(x^S_i=a)$ est la probabilité à priori sur le I ème bit de la séquence d'entrée u . $APRI^{1(l)}(x^S_i=a)$ est obtenue comme suit :

$APRI^{1(l)}(x^S_i)=1/2$ quelque soit I pour l=1.

$APRI^{1(l)}(x^S_i)= EXTR^{2(l-1)} (x^S_i)$ pour l>1.

De la même façon, le décodeur 2 calcule:

$$EXTR^{2(l)} (x^S_i=a)= \sum_{\substack{x^S, x^S_i=a \quad j=0, j \neq I}}^{K-1} APRI^{2(l)}(x^S_j)p(y^S_j| x^S_j) \prod_{j'=0}^{N-K-1} p(y^2_{j'}| x^2_{j'})$$

avec $APRI^{2(l)}(x^S_i)= EXTR^{1(l)} (x^S_i)$

Finalement ,pour réaliser la décision finale lors de la dernière itération lt,on calcule $APP^{(l_T)}=(x^S_i=a)$

$APP^{(l_T)} (x^S_i=a)\quad p(y^S_i| u_j)\times APRI^{2(l_T)} (x^S_i=a)\times EXTR^{2(l_T)} (x^S_i=a)$

F-RESULTATS DE LA SIMULATION

Turbo code de rendement Rt=1/2 composé de deux codes convolutifs RSC(1,(1+D^2)/(1+D+D^2)) et d'un entrelaceur optimisé S-random de dimension K=1024.

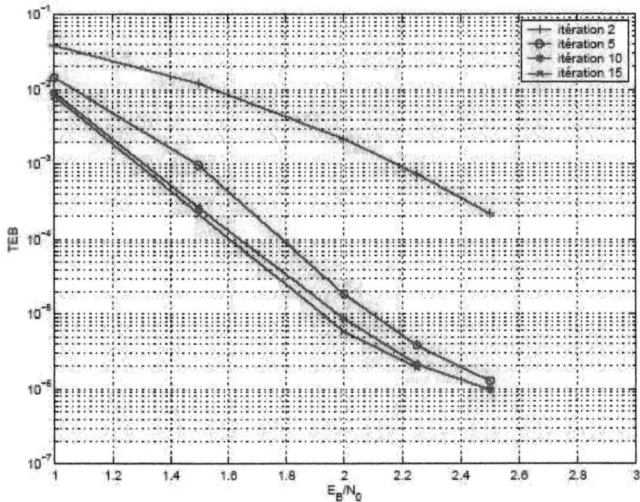

Turbo code de rendement Rt=1/2 composé de 2 codes convolutifs RSC[1,(1+D^4)/(1+D+D^2+D^3+D^4)] perforés et d'un entrelaceur pseudo aléatoire de dimension K=65536.

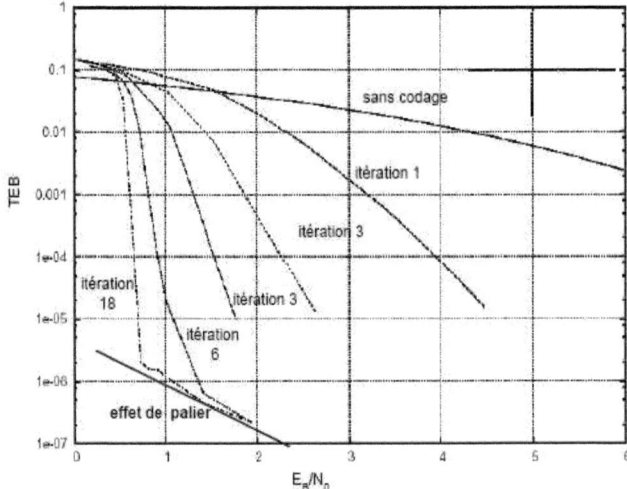

Après 18 itérations ,pour TEB de 10^{-5} on a E$_B$/N$_0$=0.7 DB.

16

Effet de palier qui apparaît ici pour un TEB de l'ordre de 10^{-6} dû à la faiblesse distance minimale des turbo codes.

L'optimisation de l'entrelaceur permet de réduire cet effet.

I.3-AVANTAGES DES TURBO CODES:

Un turbo encodeur est une combinaison de deux encodeurs simples. L'entrée est un bloque d'information sur K bits et ces derniers génèrent des symboles de parité provenant de deux codes de convolution récursifs, chacun ayant un nombre réduit d'état. Les bits de l'information sont aussi envoyés sans avoir été codé.

Le point innovant des turbo codes est l'utilisation d'une variable temporaire interne P, qui permute l'information original K avant d'entrer dans le second encodeur. La permutation P permet que les séquences d'entrée pour chacun des encodeurs produisant des mots de poids faible, induira la production de mots de poids élevés par les autres encodeurs. Ainsi , même si les codes constituant sont individuellement faibles, la combinaison est étonnamment puissante. Le code résultant a des spécificités qui se rapprochent d'un bloque d'information aléatoire contenant K bits.

Les codages en bloque aléatoire réalisent les conditions limites de Shannon, lorsque K devient large. Cependant cela ce paye avec un algorithme de décodage démesurément complexe. En opposition à ces codes les turbo codes atteignent les performances des codages en bloque aléatoire avec un large K, mais utilisent un décodage itératif reposant sur un décodeur individuellement apparié aux simples codes constituant. Chaque décodeur constituant envoi des probabilités estimées des bits décodés aux autres décodeurs, et utilise leurs probabilités à priori. Les bits d'information non codés altérés par le canal bruité, sont disponibles à chacun des décodeurs pour initialiser ses probabilités à priori. Les décodeurs utilisent le " MAP " (Maximum a Posteriori) algorithme de décodage au niveau du bit, utilisant le même nombre d'états que le célèbre algorithme de Viterbi. Le turbo décodeur réitère entre les sorties des deux décodeurs constituant, jusqu'à ce qu'il atteigne une convergence satisfaisante. La sortie finale est une version fortement quantifiée des probabilités estimées de l'un des décodeurs .

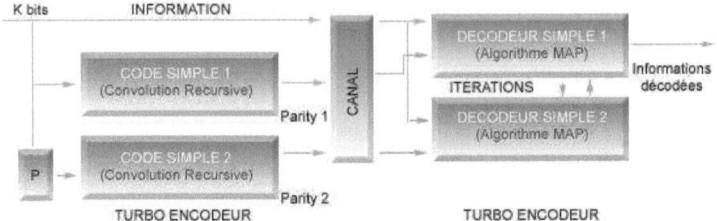

Les turbo codes surpassent les codes par concaténation utilisés par le DSN (NASA Deep Space Network) depuis la mission Voyager sur Neptune. Par exemple, des turbo codes construits à partir de deux codes à 16 états réalisent à un taux d'erreur de l'ordre de 10-5 des rapports signal bruits de bit présenté si dessous aux cadences ½ ¼ et 1/6.

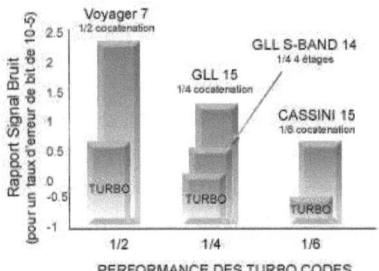

PERFORMANCE DES TURBO CODES

En plus de fournir des performances améliorées, les turbo décodeurs proposent une complexité optimisée en comparaison des décodeurs de Galileo et de Cassini. Le temps de décodage est proportionnel au nombre d'états et au nombre d'itérations, à moins qu'on utilise du matériel spécifique pour calculer en parallèle les états (dans ce cas les performances s'envolent). Le tableau listé plus bas montre que l'ordre de grandeur du nombre d'états pour les turbos décodeurs est inférieur au décodeur de Galileo et de Cassini, et ce avec un nombre modeste d'itérations. La taille de P a des répercutions sur les besoins de buffer et sur le retard, mais pas sur le temps du décodage. Ceci est le point le plus important des performances des turbo codes car les résultats obtenus pour le moment utilisent la même taille de P que pour les décodeurs traditionnels. On peut donc imaginer que les performances de ce type de codage ne pourra qu'augmenter avec l'utilisation de matériel optimisé permettant d'augmenter la taille de P.

	nombre d'états	nombre d'iterations	taille de P (bits)
TURBO CODES	16 + 16	10	16384
Voyager	64	1	8160
Galileo	8192	4	16320

18

Cassini   16384   1   10200

compléxité des turbo décodeurs

I.4-STRUCTURE DES TURBO CODES:

Concrètement, un turbocode (illustration 4) est construit comme l'association de deux petits codes convolutifs similaires à celui du deuxième schéma de l'illustration 2, liés par une fonction de permutation temporelle (encore appelée entrelacement).

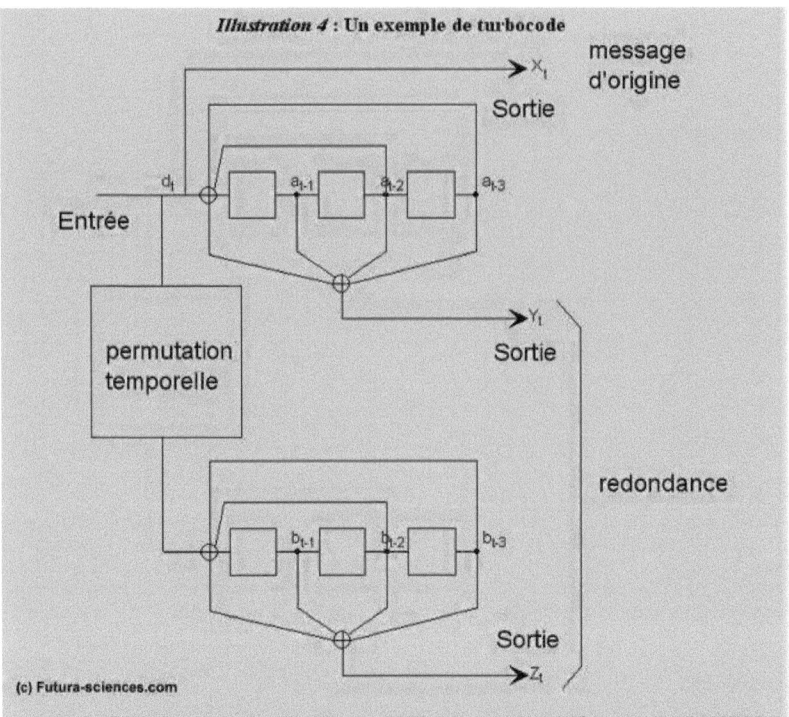

Illustration 4 : Un exemple de turbocode

message d'origine
Sortie → X_t

Entrée

permutation temporelle

Sortie → Y_t

redondance

Sortie → Z_t

(c) Futura-sciences.com

Le message binaire {d}, constitué par la suite des données d_t, est codé deux fois par une **concaténation parallèle** de 2 codeurs, la première fois suivant son ordre naturel par le codeur supérieur, la deuxième fois dans un ordre bouleversé, par le codeur inférieur. Les redondances (Y_t et Z_t) forment deux messages {Y} et {Z} synonymes de la séquence d'entrée {d}, qui est également transmise en tant que séquence {X}.

Ce code composite est tout à fait analogue à une grille de mots croisés (illustration 5), si l'on compare les mots de la grille au message d'origine (suite des Xt, notée X) et les définitions horizontales et verticales aux informations redondantes (suites des Yt et Zt, notées Y et Z). Un premier décodage horizontal permet de remplir certaines cases, puis le décodage vertical confirme ou remet en cause les premiers résultats et permet aussi de remplir d'autres cases. A nouveau, un décodage horizontal apporte de nouvelles lettres et ainsi de suite jusqu'à la convergence totale et la restitution de la grille complète. Il en va de même pour les informations binaires portées par les sorties Xt, Yt et Zt du codeur.

Illustration 5 : Turbo mots croisés

Grille reçue altérée par la transmission
(on suppose que les définitions sont restées correctes) :
Horizontalement
I Dommage. II. Lettre. III. Repas. IV Minent. V Enchâssement.

	1	2	3	4	5
I	D	E	G	A	T
II	G	A	M	M	A
III	D	I	N	A	R
IV	U	S	E	N	T
V	S	O	R	G	E	??

Après relecture des définitions horizontales, il est facile de corriger la ligne III. Mais la ligne V reste toujours un mystère. C'est le résultat du décodage d'un code simple à une dimension dont la redondance est représentée par les définitions horizontales.

	1	2	3	4	5
I	D	E	G	A	T
II	G	A	M	M	A
III	D	I	N	E	R
IV	U	S	E	N	T
V	S	O	R	G	E	??

En rajoutant maintenant une deuxième dimension donc un deuxième décodage d'un autre code simple dont la redondance est donnée par les définitions verticales, que devient la grille ?

Verticalement
1. Gras. 2. Envoyée. 3. Indisposer. 4. Intermédiaire. 5. Gâteau

	1	2	3	4	5
I	D	E	G	A	T
II	O	A	E	G	A
III	D	I	N	E	R
IV	U	S	E	N	T
V	S	O	R	T	E

Après passage par les 2 décodeurs, les problèmes n'ont pas du tout été résolus. Par contre si l'effet turbo est appliqué, c'est à dire si on reprend les définitions horizontales puis les définitions verticales, très rapidement la grille convergera vers la bonne solution.

	1	2	3	4	5
I	D	E	G	A	T
II	O	M	E	G	A
III	D	I	N	E	R
IV	U	S	E	N	T
V	S	E	R	T	E

Le principe du moteur turbocompressé repose sur la réutilisation des gaz d'échappement pour augmenter la puissance du moteur. Ici, on utilise le résultat du décodage vertical pour recommencer et améliorer le traitement horizontal. Cela explique le choix du préfixe "turbo", qui a aussi l'avantage d'être le même en anglais et dans beaucoup d'autres langues étrangères

I.5-PERFORMANCES ET EXEMPLE DE TURBO CODES:

a-performances du turbo code:

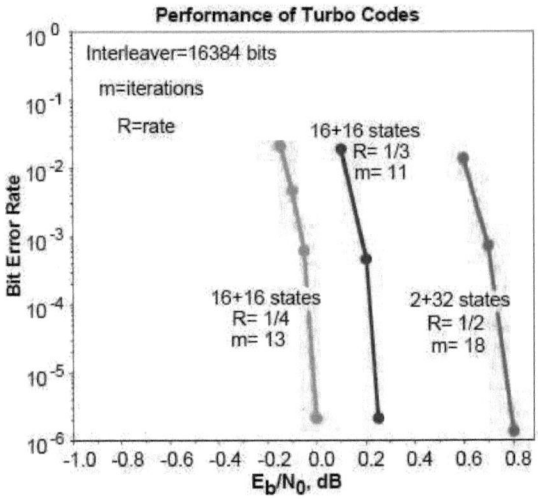

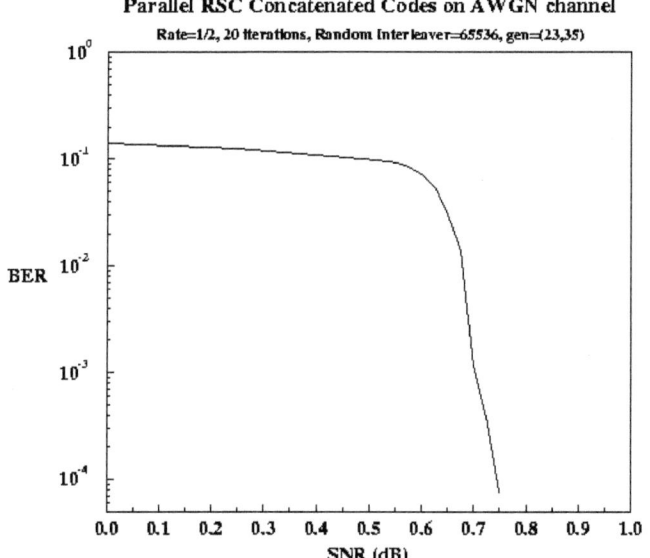

Parallel RSC Concatenated Codes on AWGN channel

Rate=1/2, 20 iterations, Random interleaver=65536, gen=(23,35)

Concaténation parallèle avec grande taille d'entrelaceur

Notez la pente de la courbe !

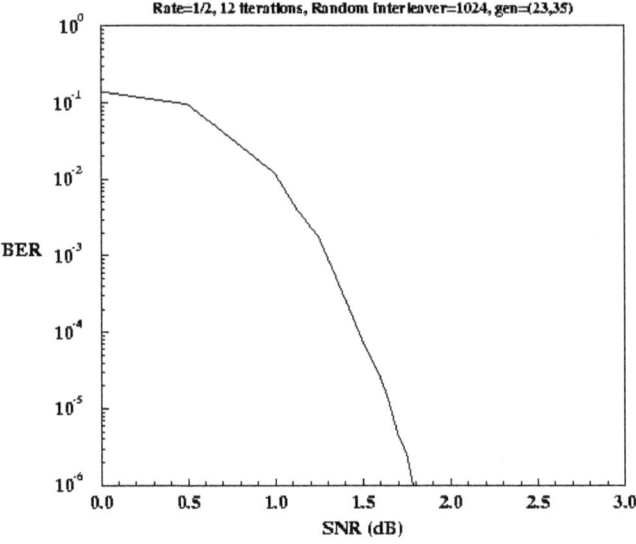

Parallel RSC Concatenated Codes on AWGN channel

Rate=1/2, 12 iterations, Random Interleaver=1024, gen=(23,35)

Concaténation parallèle avec petite taille d'entrelaceur

Le concept de gain d'entrelacement apparait clairement lorsque l'on compare cette courbe à la précédente.

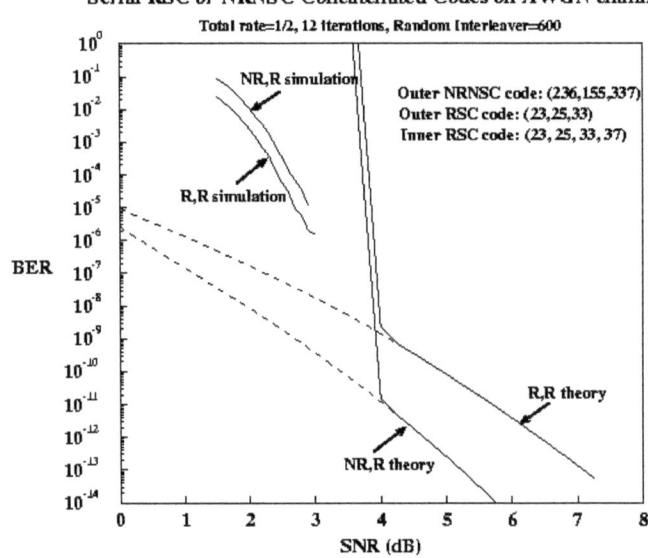

Serial RSC or NRNSC Concatenated Codes on AWGN channel

Total rate=1/2, 12 iterations, Random Interleaver=600

NR,R simulation

Outer NRNSC code: (236,155,337)
Outer RSC code: (23,25,33)
Inner RSC code: (23, 25, 33, 37)

R,R simulation

R,R theory

NR,R theory

Concaténation série avec petite taille d'entralaceur

Notez l'intérêt de tracer les courbes théoriques de performances et comparez les résultats selon le choix du code externe. Remarquons que la théorie et la simulation ne conduisent pas à des conclusion identiques en ce qui concerne la détermination du "meilleur code" !

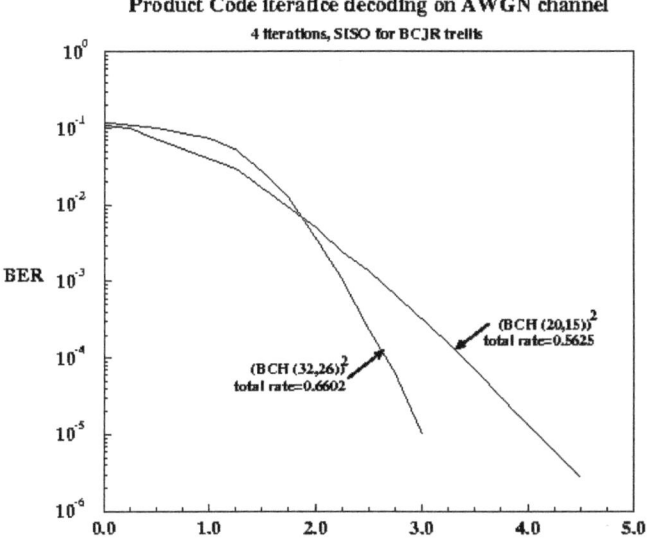

Product Code iteratice decoding on AWGN channel
4 iterations, SISO for BCJR trellis

BER

$(BCH\ (20,15))^2$
total rate=0.5625

$(BCH\ (32,26))^2$
total rate=0.6602

SNR (dB)

Décodage itératif des codes produits
Le décodage itératif donne également de bons résultats avec les codes produits.

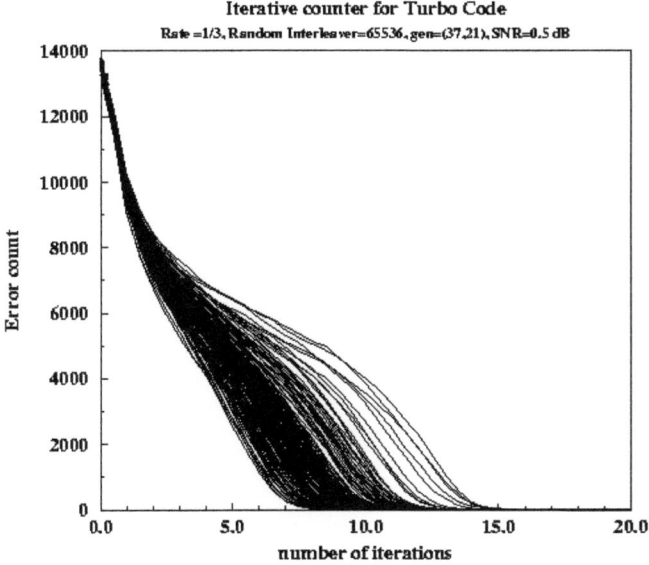

Iterative counter for Turbo Code
Rate =1/3, Random Interleaver=65536, gen=(37,21), SNR=0.5 dB

Error count

number of iterations

Évolution en fonction des itérations dans le cas d'une concaténation parallèle
Illustration du gain

Paramètres

Peinture de Georges de La Tour, le tricheur à l'as de carreau

Dimensions de l'image : height=476 pixels, width=666 pixels, 8 bits/pixel colormap RGB.

Codage : Turbo Code parallèle, taux R=1/2 avec un code RSC (37,21), et un entrelaceur de taille N=1024.

Canal : Rayleigh (évanouissements indépendants) avec Eb/N0=2.5 dB et deux antennes de réception.

NB: Le traitement de l'image a nécessité 2477 opérations de codage.

1-source:

2-Iteration"0.5":

3-Iteration"1":

4-Iteration"2":

5-Iteration"4":

6-Iteration"8":

I.6-SIMULATIONS ET RESULTATS:

Le code éffectué est un code écrit en language C ,provenant d'autres exemples de codes sur le codage :Turbo Code avec différentes modulations telles que BPSK et MAQ-16 sur différents types de canaux tel que le canal Gaussien où le canal de Rayleigh.
Cependant ,ce code s'inspire des différents exemples pour remplir le cahier de charge demandé par ce projet.

Le schéma block de cette partie peut être resumée par cette figure:

Le schéma block du Turbo Code:

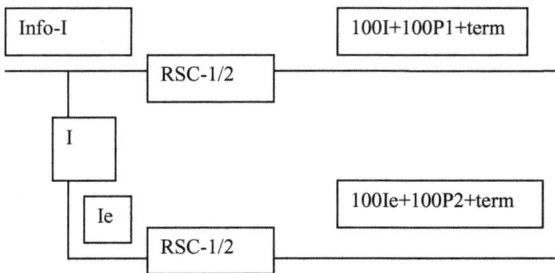

I=Information utile
Ie=Information utile entrelacée
P1=parite du premier code RSC
P2=parite du second code RSC
Term=Terminaison.

1-ETAPE1:

Le schéma block de la perforation est:

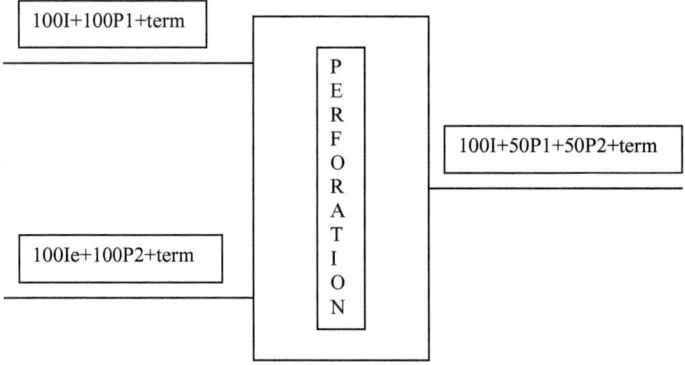

Cependant ,la perforation n'est pas demandée dans notre cas.

2-ETAPE 2:

Je crée un tableau "Codedbits" dans lequel je remplit les 100I,100Ie,100P1 , 100P2 et les terminaisons.
Alors la taille du tableau doit être 4*100+8=N+16.

Le Schéma du tableau "codedbits "est le suivant:

I	P	Ie	P	

```
  100 symboles
```

Chaque symbole est formé de I,P2,I',P1.Alors le tableau est formé de N=100 symboles.

3-ETAPE 3:

Chaque symbole est transmis alors et on construit un tableau formé par les "calcmetric" de ces 100 symboles
qui me permet de determiner alors les Prob(y/cj) à partir de la fonction ComputeProb().
Ayant les Prob(y/cj),on construit 2 tableaux:dec1in et dec2in et par suite y extraire l'information utile envoyée.

I.7Bibliographie:

http://personal.ie.cuhk.ed.hk/~chankm6/Turbocode

http://www.ee.virginia.edu/csc/turbo_codes?/

http://www.uni-kl.dl/~lachmund/turbocode.html

http://www.comelec.enst.fr/turbocodes

http://www.enst.com

Didier Le Ruyet:turbo code et decodage iterative

Eric Fabre:Lae Turbo-Codes une percee en communications numeriques.

PARTIE II :

BICMs

II.1 Étude du fonctionnement des BICMs :

A. Stuctures des BICMs :

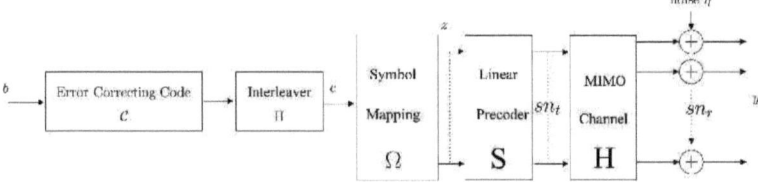

Shéma codeurs et émetteur BICM

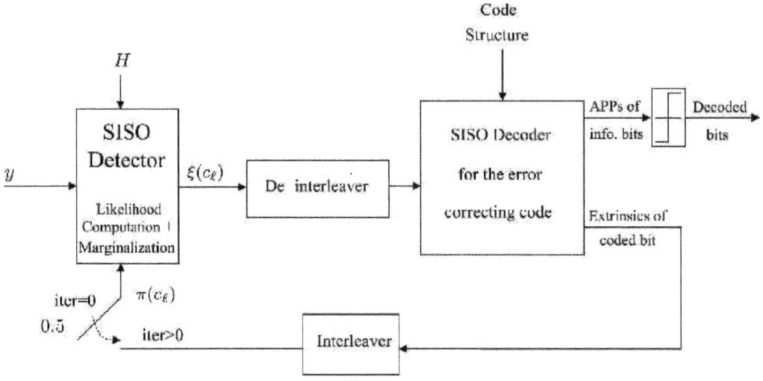

Shéma du récepteur et du décodeur

a) Les codeurs BICM :

Le but du codage BICM est de faire les bits codés de sorte a avoir des bits entrelacés bits par bit puis ensuite modulés a un ordre elevé M-aire.Et il a un faible taux d'erreur comme les turbos codes .Dans certains cas comme dans les cas ou les turbos codes ont un petits nombre d'états les BICMs deviennent meilleurs des turbos codes.

Pour un code a 8 etats la constellation 8-Cross offre la meilleure performance de 0.06 a 0.48 dB car N_{min} devient un élément critique a faible et moyen SNR pour N_{min} est le nombre moyen de bits qui diffèrent appartenant à 2 symbols proches pour une constellation donnée.

Alors pour un grand SNR N_{min} ne devient pas un élément critique et 8-PSK devient meilleure que le 8-Cross et l'erreur de symbol devient l'élément critique et important .

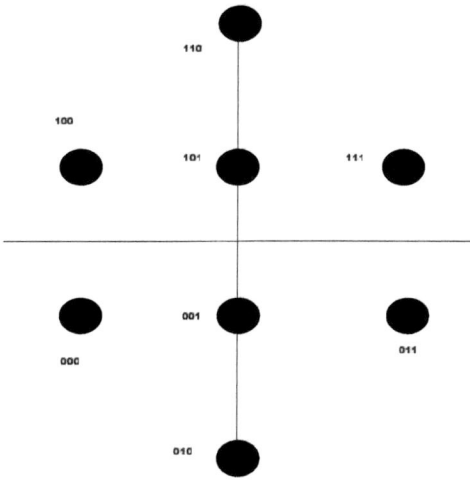

Structure de 8-Cross

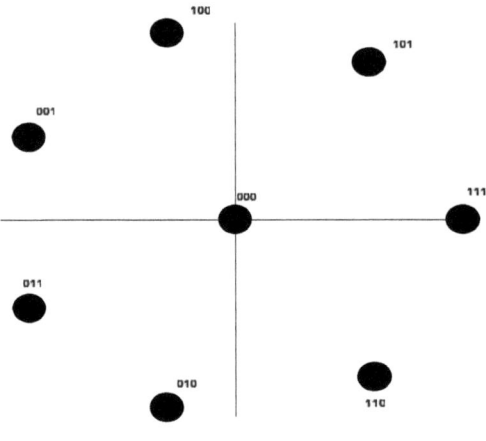

Structure 8-PSK

Cependant la constellation 16-QAM offre la meilleure performance pour les BICMs et elle est meilleure que les turbos codes et cela pour 3 bits/s/Hz.

On a que le BICM fait le calcul de la distance (métrique des symbols) durant la première itération seulement une resélection sera faite durant les autres itérations.

Le BICM a une faible distance Euclidienne mais une grand diversité due a l'entrelacement de bits comme il est un système simple comparé aux turbos codes.

Cependant le codeur BICM n'utilise pas beaucoup les avantages du BICM et peut ainsi être amélioré.
 Codes correcteurs d'erreur :
Les codes linéaires en bloc :ont été développé dans les années 60-70 et sont utilisés pour un grand taux
Les codes Treillis :mon récursif non systématique convolutionnel et récursif systématique convolutionnel.Ils ont l'avantage d'avoir une faible complexité et sont simples maximum Likelihood et des décodeurs à entrées et sorties souples.Le code peut être représenté par un treillis et l'algorithme de Viterbi par une distance de Hamming ce qui est utilisé pour le décodage ML(maximum Likelihood) et des décodeurs à entrées et sorties souples.Une amélioration de gain est faite et cela en forçant le premier et le dernier état à 0 mais cela introduit une faible réduction du rendement.Le code prend K_C bits et retourne N_C avec une transition de treillis la longueur de contrainte du code noté l_C et la longueur du code noté $L_C N_C$ bits codés.Le rendement du code est

40

$R_C=[K_C-(\ l_C-1)/\ L_C]/\ N_C$ mais on considère $L_C \gg l_C$ ce qui mène à avoir $R_C \cong K_C/\ N_C$. Les codes RSCs ont un faible avantage comparé aux codes RSCs pour le même rendement.

Les codes concaténés :Les codes concaténés ont été découverts dans les années 60.On distingue les Turbos codes des LDPCs.Les Turbos codes sont basés sur deux codes convolutionnels

b) Structure de l'entrelaceur BICM :

L'entrelaceur permute $L_C N_C$ bits codés.C'est le composant principal du BICM

Décodage du BICM .Il est crucial en performant une détection itérative et un décodage joints car elle augmente l'indépendance entre l'extrinsèque et l'apriori , les 2 dans le détecteur et décodeur à entrée et sortie souple.Il est aussi important pour le décodage ML car il limite l'interférence au même temps entre 2 bits erronés d'un évènement erroné.L'entrelaceur peut être semi-aléatoire ou semi déterministe.

Modularité :La position des bits avant et après l'entrelaceur doit être modulo m pour cela les bits doivent être distribués uniformément tout au long du treillis .Les 3 entrelaceurs du BICMs sont très bons pour faire une décorrélation des bits des différents symboles et du même symbole dans le canal de Rayleigh.

c) Le modulateur :

Les bits codés entrelacés sont démultiplexés dans des blocs de m bits alimentent le modulateur qui les transforment en une constellation de symboles.La bijection entre les bits et les symboles est appelée « labeling » ou bien « mapping » ou étiquetage.Le nombre de points dans la constellation est égal à $M=2^m$. On peut utiliser différents types d'étiquetage .L'étiquetage de Gray est l'un des fameux étiquetages utilisés car il permet de diminuer la différence de bits entre 2 symboles voisins dans la constellation ce qui minimise la probabilité d'erreur pour un système non codé.Or on peut utiliser des étiquetages plus performants et on peut démontrer que l'étiquetage de Gray est le pire pour un entrelacement idéal.Cependant la modulation QAM permet d'avoir un bon compromis entre les performances et l'efficacité spectrale en plus elle permet d'accéder à la structure de constellation Lattice.Si M-QAM est utilisé sur chaque antenne de transmission.L'énergie de transmission du symbole par antenne sera égale à :$E_S = 2.\dfrac{M-1}{3}$

d) Le précodeur linéaire (utilisation facultative) :

Le précodeur linéaire S disperse les symboles QAMs à la sortie du modulateur sur s périodes de temps et il convertit les n_t n_r vecteurs de canaux en N_t N_r vecteurs de canaux .

Avec $N_t = n_t \times s$ et $N_r = n_r \times s$ .Le rôle de S est de disperser les canaux sur plus d'états de canaux ,et cela en utilisant la diversité de temps et d'espace.On suppose que S est normalisé et ne peut pas fonctionner comme un amplificateur.

41

Les relations entre les entrées et les sorties des canaux :

Sans avoir utilisé la dispersion en temps et en espace ,le chemin connectant l'antenne i et l'antenne j a une distribution de gain complexe hij avec H=E[hij], E[hij]=0.

$E\left[\left\|h_{ij}\right\|^2\right]=1$, i=1…nt   ,j=1….nr. en supposant les hij indépendants

Le décodage itératif avec la décision dure et itérative.Le décodage itératif introduit de la redondance et de la mémoire à une séquence

Quand la diversité de temps et d'espace est appliquée(s>1).La matrice du canal H=diag{H₁,…, H₁ ,H₂….

H₂,...., Hₙ…. Hₙ} . $y = x + \eta = zSH + \eta$

Avec y complexe et chaque antenne de réception est perturbée par un bruit blanc gaussien complexe tel que $\eta_j, j = 1...N_r$ avec une moyenne nulle et une variance 2N₀ .

Pour un E_b l'énergie par bit de la bande passante au récepteur et N₀ /2 la densité spectrale d'énergie de la bande passante .Dans le cas de MAQ-M :

$$\frac{E_b}{N_0} = \frac{E_C}{N_0 R_C} = \frac{E_S n_r}{2N_0 R_C m} = \frac{n_r (2^m - 1)}{3N_0 R_C m}$$

Le code global Euclidien :

La concaténation code de correction d'erreur binaire ,l'entrelaceur ,le modulateur ,le précodeur linéaire S et le canal décrivent un code global Euclidien.Si on suppose que la correction d'erreur a une longueur L_C N_C et un rendement R_C=K_C/N_C, le code global Euclidien C_E convertit L_C K_C en L_C N_C/m –point dimensionnel.

e) <u>**Structure du récepteur itératif:**</u>

La structure du récepteur pour un BICM va performer un maximum Likelihood sur la série des mots de codes transmis mais il n'y a pas moyen que de faire un décodage itératif des $2^{K_c L_c}$ mots de codes ce qui est difficile à gérer.Tous les récepteurs utilisent la structure cocaténée du BICM. Pour la séparer la réception en différents étapes .Dans tout ce travail on ne tient pas compte de la synchronisation du canal en supposant qu'elle est parfaite .La différence entre tous les décodeurs réside dans la différence entre les informations qui peuvent être dures ou souples

1) Le décodeur :

Différents types de décodeurs :

Les décodeurs algébriques (BS,RCH):Il y a plusieurs décodeurs algébriques .

Décodeurs en treillis :Il calcule l' APP exactement et cela en utilisant la structure en treillis du code .

Décodeurs itératifs : sont établis et cela en échangeant les probabilités intrinsèques entre les décodeurs SISO.

2) Le détecteur APP :

Il y en a plusieurs types de détecteurs SISO.La sortie des détecteurs trouve la valeur estimée pour chaque antenne et pour chaque période de temps,les symboles sont ensuite convertis en bits par le démodulateur puis par le désentrelaceur puis sont retrouvés dans les entrées des décodeurs dure .Plusieurs types de détecteurs sont retrouvés à sorties dures :

- décodeurs sous optimaux à sorties dures :Une estimation des symboles transmis peut être obtenue en utilisant des égaliseurs linéaires suivis de décisions dures(ex Forçage à zéro,erreur minimale moyenne au carré)ou des égaliseurs non linéaires (égaliseur à décision de retour).Or il n'offrent pas une performance optimale sur les canaux MIMO même pour un rapport signal sur bruit élevé.

- Les décodeurs ML à sorties dures :Le ML peut être obtenu et cela en utilisant des décodeurs exhaustifs et des algorithmes non exhausifs .

Cependant la séparation du détecteur et du décodeur est sous optimale dans le critère du maximum Likelihood .Supposons que le décodeur trouve Le ML des bits codés donnés par le détecteur .Le code global C_E contient $2^{K_c L_c}$ mots de codes alors que le détecteur à sortie dure trouve la sortie dans un ensemble de $2^{N_c L_c}$ vecteurs possibles ,en considérant des points qui n'existent pas ce qui va désorienté le détecteur dans une série de $2^{N_c L_c}$ vecteurs car il y'a des points qui n'existent pas . comme il a été dit le décodeur qui est difficile à gérer doit décoder directement $2^{K_c L_c}$ .Une autre solution consiste à performer une détection et un décodage joints et cela en utilisant le processus itératif.

Le récepteur a 2 fonctions principales :Un détecteur d'APP de détecteur MAQ qui travaille comme un égaliseur souple en sortie pour la dispersion en temps et en espace et le canal MIMO et un décodeur SISO pour C. Un processus de décodage et de détection joint est basé sur l'échange de l'information souples entre le détecteur SISO MAQ et le décodeur SISO convolutionnel.Le détecteur SISO calcule les probabilités extrinsèques $\xi(c_l)$ et cela par le calcul de la probabilité conditionnelle p(y/z) et les probabilités a prioris $\pi(c_l)$ qui sont retournées du décodeur SISO .Pour la première itération il n'y a pas d'information sur l'entrée du détecteur pourcela il prend également tous les points de la constellation et donne des informations sur les bits codés au décodeur SISO .À travers les différentes itérations la probabilité a priori des points de la constellation calculés par le

43

décodeur SISO deviennent plus ou moins fiables.Si une convergence idéale est faite à proximité de la performance du ML.Cette technique nécessite un décodeur SISO qui convertit le vecteur reçu à chaque période de temps en des probabilités d'informations extrinsèques sur les bits codés $\xi(c_l)$.Donc on a pu grâce aux informations extrinsèques aux probabilités apriori sur les bits codés $\pi(c_l)$.On peut lister quelques détecteurs SISO pour les canaux MIMO :

- Détecteurs APP complets
- SISO MMSE
- Élimination de l'interférence série,Élimination de l'interférence parallèle des détecteurs

En description exhaustive du détecteur optimal APP .Quand l'efficacité spectrale est grande ,ce détecteur devient difficile à gérer.

Le détecteur indépendemment calcule les sorties souples à chaque période de temps,la probabilité APP suivante est donnée est fournie à n'importe quel bit codé c_l,à n'importe quelle période de temps .Le point reçu durant le temps considéré est y.La probabilité APP d'un bit codé est définie par la probabilité de detecter le bit conditionnel de l'observation de y.(voir figure du Shéma BICM citée avant).

$$APP(c_l) = p(c_l / y) = \frac{p(y/c_l)p(c_l)}{p(y)}$$

Dans l'expression ci-dessus on peut remarquer que l'APP peut être exprimé comme une fonction de plusieurs quantités :

- A chaque nouvelle étape de détection,les probabilités données par la sortie du décodeur SISO sont indépendantes du point reçu y.Ils sont appelés les probabilités a priori des bits codés c_l : $\pi(c_l) = p(c_l)$.
- La probabilité p(y) dépend des bits codés transmis,la probabilité a priori et du AWGN et elle n'est pas calculable.Cependant ce n'est pas une information nécessaire pour le processus itératif.
- La probabilité conditionnelle $p(c_l)$ peut être décomposée en plusieurs probabilités explicites .On utilise la marginalisation sur les séries d'étiquetages ayant l bits égal à c_l avec c=$\{c_1,....,c_l,...,c_m N_t\} \in \Omega(c_l)$, ou le c correspond à un vecteur transmis $z = \{z_1,...,z_{N_t}\}$ et le vecteur filtré x=zH=$\{x_1,....,x_{N_r}\}$

$$p(y/c_l) = \sum_{c \in \Omega(c_l)} p(y,c/c_l) = \sum_{c \in \Omega(c_l)} p(y/c,c_l).p(c)$$

Les conditions sur c,c_l sont équivalentes à une condition sur tous les vecteurs des symboles de modulation $z \in \Omega(c_l)$

B. Entrelacement idéal :

Le taux d'erreur par bit ou le taux d'erreur par trame ou d'une modulation codée est basé sur le calcul de la probabilité d'erreur suivi d'une limite supérieure de la correcte performance par une somme balancée des probabilités d'erreur .Chaque probabilité d'erreur considère la distance Euclidienne entre deux mots de code généré par un évènement d'erreur de poids de Hamming ω .L'entrelaceur idéal est défini comme suit.

Proposition 1 :Pour n'importe quelle paire de mots de code , un entrelaceur idéal place les différents bits entre deux mots de codes des symboles qui vont être transmis dans différentes périodes de temps et les distribue équiprobablement sur tous les états des canaux (suivant que le nombre de bits différents le permet).
La dernière condition vient de l'observation suivante :considérons un canal à évanouissements et supposons que chaque composant gaussien a une variance arbitraire .Le gain de code dans la probabilité d'erreur est maximisé si toutes les variances sont égaux .Cette condition finale est approchée quand la distribution du nombre de bits erronés est uniforme.Dans la pratique ce type d'entrelaceur n'existe pas .

II.2 Partie pratique

1. Shéma du Codeur BICM:

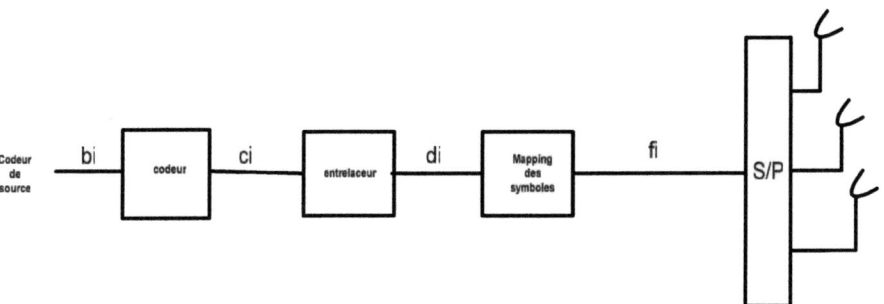

2. Shéma du décodeur BICM :

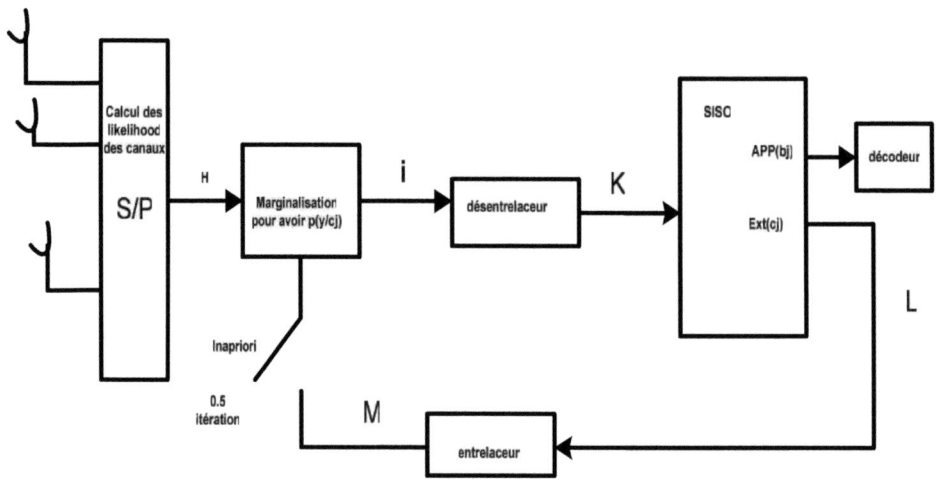

3. Travail achevé :

Dans le projet on s'intéresse à faire changer la modulation du MAQ 4 vers le MAQ 16. Pourcela on doit changer les paramètres de la modulation et du codage. On utilise la modulation de Gray pour le MAQ16 :

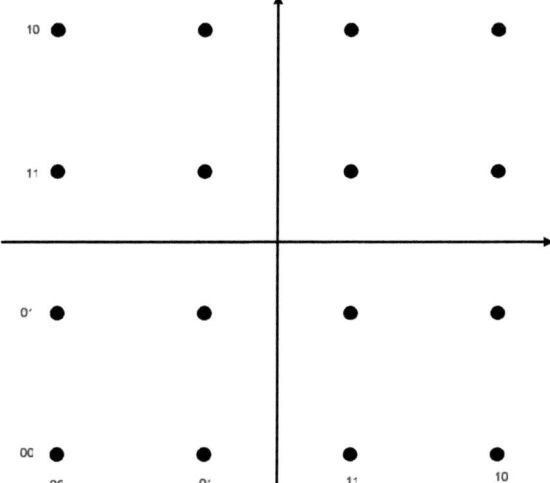

Shéma du Gray pour le MAQ16 dans le cas ou un bit varie entre 2 symboles consécutifs.La suite des symboles de la structure de Gray d'après le shéma ci-dessus en suivant le bas vers le haut et du gauche vers la droite en insérant les bits de l'axe horizontal au début on aura comme suit :

{0000, 0100, 1100, 1000, 1001, 1101, 0101, 0001, 0011, 0111, 1111, 1011, 1010, 1110, 0110, 0010}.

Lorsqu'on change de MAQ-4 vers MAQ16 le rapport signal sur bruit change .

Or $E|d_k|^2 = 2 \times \dfrac{(M-1)}{3} = 10$

Or $E_S = 0.5 \times E|d_k|^2 = 5$.

$E_{St} = n_t \times E_s = 5 \times n_t$.

$\dfrac{E_{St}}{SNR} = N_0 = \sigma^2$.

Donc pour MDP-16 on aura: $\sigma^2 = \dfrac{10 \times 2}{2 \times SNR}$ car $n_t = 2$.

Pour le QPSK pour un nombre de symboles =100 pour un code(k,n).

On aura 200 bits car nombre de bits=nombre de symboles$\times \log_2(4)$

Or fenêtre$= \dfrac{\text{nombre de bits}}{n} = 100$ branches.

Et fenêtre d'information =fenêtre-(L-1). Avec L nombre de registres

Pour le MAQ16 on envoie $3 \times$ N symboles et puis on l'envoie dans un codeur de rendement ½ et ensuite on perfore les bits de parité afin d'obtenir un rendement de ¾ .

Pour un nombre de symbole du codeur égal à 4*N après perforation. le nombre de symboles émit de la source est égal à $\dfrac{(4 \times N - 2 \times (L-1)) \times 3}{4}$ =infosize .qui est le nombre de bits émit de la source .Après entrelacement le nombre de bits est conservé de même que pour la transmission .pour le bloc de calcul de la métrique rien ne change dans le calcul.Ensuite pour le calcul de la probabilité à la sortie on a que le inapriori le nombre de symboles est de 4*N et égal à 0.5 seulement pour la première itération pour les autres est égale à la valeur de retour de l'entrelaceur. puis le nombre de symboles est de 4*N en sortie du bloc de marginalisation pour le calcul de p(y/cj) puis désentrelacé et ça doit retrouver au meilleur de la structure initiale de bits dans le cas pour un grand rapport signal sur bruit .Enfin le bloc de déperforation permet de retrouver le nombre de séquences initiales tout en remplaçant les bits déjà perforés dans le codeur par des 0.5, et le nombre de bits sera

égal à : $(4 \times N - n \times (L-1)) \times taux \times n + 2 \times (L-1) = \dfrac{(4 \times N - 2 \times (L-1)) \times 6}{4} + 2 \times (L-1)$ =nombre de bits total

perforés après codage=n_1.

Avec le taux le rapport des bits utiles sur les bits tota après perforation.

Pour les obsevations qu'on calculera à l'entrée intitulée k .L'autre entrée non indiquée dans le shéma du décodeur est celle des aprioris qui est toujours égale à 0.5.

Il y en 2 sorties du décodeur qui sont appelées decout.prob pour la décision finale de la valeur du symbol .La longueur du symbol est égale infosize ou le nombre de bits utiles à l'entrée du codeur.La détermination de la décision est dure en la comparant à 0.5.

La deuxième sortie du décodeur qui est le decout.apriori a une longueur de symboles égale à n_1 puis on perfore de nouveau ces bits pour retrouver $4 \times N$ puis entrelacés de nouveau pour se retrouver dans le détecteur .Le rôle de l'entrelaceur dans ce cas est très important car il permet de décorréler les symboles successifs .Ceci dit une erreur dans un symbol n'affecte pas le symbol suivant .

Les différents champs ont les structures suivantes :
Le champ d'un symbol après codage :

I_1	P_1	I_2	P_2	I_{n3}	P_{n3}										I_{n1}	P_{n1}

Pour la strucure d'un symbol après perforation sera la suivante :

Pour avoir un rendement de ¾ on intoduit la méthode de perforation ci-dessus c'est-à-dire à chaque 3 symboles consécutifs pour le premier symbol il reste intacte alors que pour le deuxième et le troisième symbol on perfore le bit de parité en le supprimant on obtient alors la structure suivante :

I_1	P_1	I_2	I_3													I_{n2}	P_{n2}

$n_2 = \text{infosize} \times 2 + 2 \times (L-1)$.

Alors que pour la structure des symboles après déperforation sera la suivante :

I_1	P_1	I_2	0.5	I_3	0.5											I_{n1}	P_{n1}

Et après entrelacement on garde le nombre de bits mais une structure différente .

II.3 tude qualitative des BICMs:

A. Avantages du BICM :

Le BICM introduit de très bonnes performances dans le cas du canal de Rayleigh en utilisant la constellation de Gray.
Le BICM est meilleur que le TCM mais de performances qui s'approchent du Turbo-TCM.
Pour une modulation de QAM le BICM a des performances qui s'approchent de ceux des Turbos codes les plus compliqués.

B. Inconvénients du BICM :

Le BICM dans le cas des canaux gaussiens a de mauvaises performances.
Il introduit de bonnes performances dans le cas de retour souple qui est complexe a mettre en œuvre.
Pour un grand nombre de bits dans un bloc et pour un grand rapport signal sur bruit il n'y en pas d'améliorations de la probabilité d'erreur comme c'est en Turbo codes.

Étude théorique des structures de BICM :

La probabilité a-posteriori APP(c_j)=p(c_j|y)= $\dfrac{p(y\,|\,c_j)\pi(c_j)}{p(y)}$ $\propto$ $\pi(c_j).$obs(c_j)

Avec $\pi(c_j)$ est l'a priori du bit c_j et l'observation obs(c_j)=p(y|c_j).

Avec p(y|c_j)= $\displaystyle\sum_{c_i \in \{0,1\}} p(y,c_1,...,c_{j-1},c_{j+1},...,c_{mnt}\,|\,c_j)$ avec j=1…mnt.

$$= \sum_{c_j \in \{0,1\}} p(y\,|\,c_1,...,c_{mnt})\prod_{l \neq j}\pi(c_l)$$

$$= \sum_{c_j \in \{0,1\}} \left(\prod_{r=1}^{n_r} p(y_r\,|\,c_1...c_{mnt})\prod_{l \neq j}\pi(c_l) \right)$$

$p(y_r\,|\,c_1...c_{mnt}) = \dfrac{e^{\dfrac{\left\| y_r - \sum_{t=1}^{nt} h_{t,r}x_t \right\|}{\sigma^2}}}{2\pi\sigma^2}$ avec x_t le signal util avec le signal en sortie est égal à y(k)=H(k).x(k)+n(k)

$h_{i,j}$ les coefficients du canal de Rayleigh et n(k) le bruit gaussien blanc .

pour n récepteurs sachant que ces récepteurs sont indépendants APP$_{sub}$(c_j)$\propto\pi(c_j).\displaystyle\prod_{r=1}^{n_r} p(y_r\,|\,c_j)$ car les

probabilités des différents récepteurs sont indépendantes.
Puis on décide si APP$_{sub}$(c_j=1)>APP(c_j=0) alors c_j=1.

C. **Différents étiquetages :**

L'étiquetage d'Ungerboeck introduit la modulation de Treillis codée est efficace dans le cas de bande passante ce qui améliore la performance sur les canaux blanc gaussien comparé à la modulation non codée.

Le code convolutionnel est le meilleur a pouvoir guarantir un minimum d'erreurs possibles avec une distance Euclidienne la plus grande possible.Ungerboeck a remarqué qu'il suffit de diviser la constellation à 2 ou 3 fois au maximum car un nombre supérieur de partitionnement n'améliore pas la performance.

Cependant les bits non codés correspondent à des transitions parallèles (associé à un point et son opposé dans le cas du MDP2 dans le cas ou la distance est maximale).La probabilité d'erreur doit être la même que celle de choisir un chemin erroné dans le treillis.

Dans le canal de Rayleigh la performance d'un système codé n'est pas affectée par la distance Euclidienne minimale mais par la distance de Hamming ou le nombre des non égaux d'erreurs des évenements.Poucela les transitions parallèles doivent être évités car ils limitent la performance des systèmes donc le codage de Gray ne devient pas efficace car il maximise la distance Euclidienne.

D. Critère de diversité :

Le premier critère à savoir est de maximiser la diversité.

La diversité est obtenue et ce n'est pas en entrelaçant symbol par symbol mais aussi en entrelaçant les composants en phases et en quadratures des séquences des symboles.Les informations sont injectés avec un taux égal à k/n du codeur convolutionnel.

Les n bits du codeur sont ensuite permutés et sont injectés dans un mapper ou modulateur qui permettent de mettre les informations sous forme d'étiquetage de Gray ou autre.

À la reception 2n métriques sont calculés pour chaque symbol reçu.Ensuite les symboles sont dépermutés pour faire le décodage et avoir la séquence émise.

Pour des entrelaceurs parfaits il faut avoir il faut que les 2^{n-1} points pssibles doivent être équivalents .

S_i^b est la partie de points avec le bit i le label qui prend la valeur de b.

Un décodeur optimal permet d'avoir une connaissance des probabilités a-priori des différents 2^{n-1} des canaux de symboles .

Avec t est le temps pour les séquences originales et τ est le temps pour la séquence permutée à la reception. ρ_t est l'estimation de l'état du canal d'information à l'état τ .

m_i consiste de deux valeurs .La première pour chaque valeur de b_i et pour chaque temps τ on calcule m métriques m_i.Au total on calcule 2n distances au temps τ

Pour un compromis entre la performance et la simplicité la métrique suivante est suggérée :$m_i(r_\tau$

$, S_i^b ; \rho_r^i) = \min_{x \in S_i^b} \left\| r_\tau - \rho_\tau x \right\|^2$ avec b={0,1} i=1…n.   (12)

Avec r_τ c'est le signal reçue à l'instant τ .On calcule 2n distances au temps τ .D'autre part on doit calculer 2^n distances Euclidienne et puis calculer le minimum de ces valeurs.après le calcul des métriques les m_i sont dépermutés.

$$m(Y_p, C_p ; \rho_p) = \sum_{i=1}^{n} (1 - c_p^i) m_i(y_p^i, S_i^0 ; \rho_p^i) + c_p^i m_i(y_p^i, S_p^i ; \rho_p^i) \quad (13)$$

avec c_p^i depend des labels du treillis code.

E. Le canal à évanouissement :

La variation rapide de la puissance du signal reçu et la petite échelle de l'évanouissemnt s'expriment de deux manières :

La dispersion dans le temps dans le récepteur due aux différentes longueurs des différents chemins de propagation,la dispersion de Doppler.Due cette dispersion on aura un spectre en élargissement à cause du mouvement relatif de l'émetteur et du récepteur.

La dispersion de délai montre comment la puissance de l'impulsion est retardée avec le temps au récepteur et elle peut être formée de composants discrets.T_m est l'excès maximale de délai avant que la puissance reçue tombe au dessus d'un certain seuil.

La transformée de Fourrier du profil de délai est appelé bande de cohérence détermine si le canal est sélectif en fréquence ou non(plat).Si la période du signal T_S est plus grande que le maximum de délai de même si la bande du signal est plus petite que la bande de cohérence alors le canal est plat à évanouissements autrement on aura sélection de la fréquence à évanouissements.

La dispersion de Doppler existe du fait que le canal varie avec le temps.

Si tous les réflecteurs, les diffuseurs ,les distributeurs sont stationnaires.La variation de temps dépend du mouvement relatif de l'émetteur et du récepteur.

Ce mouvement résulte à l'élargissement spectral du signal reçu.Le maximum d'élargissement,la fréquence de Doppler est donnée par $f_d = \upsilon / \lambda$ avec $\lambda = c / f_c$

Avec f_c est la fréquence porteuse et υ est la vitesse du mouvement relatif.Le temps de cohérence T_0 est le temps durant lequel la réponse du canal est invariante et est égale approximativement à $T_0 \approx 1/f_d$.

Si la période du signal T_S est plus petite que le temps de cohérence. ($T_S < T_0$ ou bien équivaut à la bande du signal qui est plus large que f_d) le canal montre un évanouissemnent lent autrement on aura un évanouissement rapide.

Dans la majorité des cas une variation lente ,évanouissements plats du canal est préférable.On conclut que la bande de cohérence est une limite supérieure du taux de signal $1/T_s$.Si le taux de cohérence excède la bande de cohérence alors le canal sera sélectif en fréquence.D 'autre part la fréquence de Doppler maximale f_d est une limite inférieure du taux du signal.Si le taux du signal est au dessous de f_d le canal sera à évanouissements rapides.

F. Modèle de solution :

Zehavi a utilize un rendement égal à 2/3 code convolutionnel et une constellation de Gray 8-PSK.Les bits d'informations sont codés.Il a modélisé le canal comme trois canaux indépendants parfaitement entrelaçés.Il a utilisé un code de rendement =2/3, a 8 états établi pour maximiser la distance libre et le codeur est non systématique ,non récursif.

La matrice génératrice est la suivante :

$$G = \begin{bmatrix} 1 & D & 1+D \\ D^2 & 1 & 1+D+D^2 \end{bmatrix} \qquad (43)$$

Cependant en utilisant un code récursif systématique du même code précédent on obtient :

$$G= \begin{bmatrix} 1 & 0 & \dfrac{D+D^2}{1+D^3} \\[2ex] 0 & 1 & \dfrac{1+D+D^3}{1+D^3} \end{bmatrix} \qquad\qquad (44)$$

On aura la dégradation des performances et cela en utilisant Un codeur Systématique ,on transmettra les bits non codés sur le canal.La longueur du plus évènement d'erreur ne change pas .

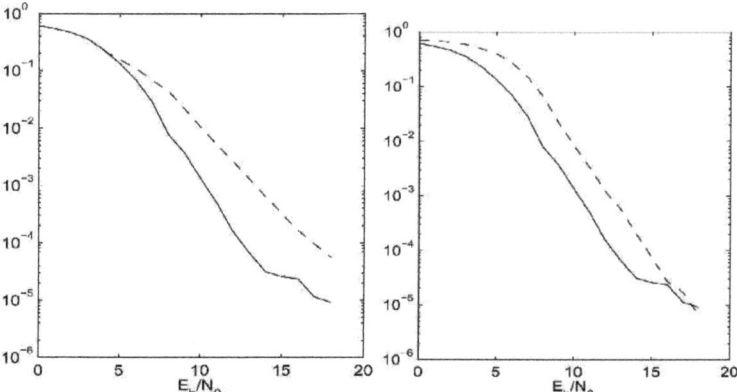

Pour la figure à gauche :comparaison entre un codage non systématique(trait continu) et un codage systématique (trait discontinu).La figure à droite montre la différence entre l'étiquetage de Gray(trait continu)et Ungerboeck discontinu de la constellation 8-PSK.

D'après les résultats de la figure à droite on constate que le codage d'Ungerboeck est meilleur pour les BICMs car la probabilité d'erreur est plus faible.Or dans ces figures on exclue les processus d'itérations.

De même on constate que le code non systématiques introduit des performances meilleures que le code systématique.

G. <u>Les Constellations plus larges :</u>

On va chercher des BICMs avec d'efficacité spectrale plus grande.Une des méthodes d'avoir une densité spectrale plus grande est de transmettre plus de bits/sec/Hz et à étendre la constellation du signal.Quand la constellation devient plus grande on doit utiliser soit un grand taux de code soit laisser les bits non codés.Par exemple dans un systéme utilisant la constellation MAQ-64 on doit utiliser soit un code de rendement on doit utiliser soit un code de rendement égal a 5/6 soit utiliser un système de codage complet ou bien utiliser un code de rendement plus petit .Dans ce qui suit on va voir la performance des BICMs avec des bits non codés.Cependant des bits non codés correspondent a des transitions parallèles et seront par la suite le plus court évènement d'erreur.On doit expecter des performances inversement proportionnels au rapport signal sur bruit.On va utiliser des systèmes de BICM avec un rendement égal a ¾ d'un code convolutionnel désigné pour maximiser la distance libre utilisé en conjonction avec le MAQ-16 utilisant l'étiquetage de Gray.La matrice génératrice du code est la suivante :

$$G= \begin{bmatrix} 1 & 1 & 1 & 1 \\ 0 & 1+D & D & 1 \\ 0 & D & 1+D2 & 1+D2 \end{bmatrix} \qquad (45)$$

H. Les codes convolutionnels :

D'après la probabilité d'erreur par bit (11) et la description du système de BICM, un paramètre important est le choix du code convolutionnel.Pour les petites constellations tous les bits d'information sont codés et dans ce cas on n'aura pas des transitions parallèles.Pour des constellations plus grandes on aura donc besoin de coder tous les bits d'informations pour éviter des transitions parallèles pour un taux R=k/n du code convolutionnel, le Treillis doit avoir au moins 2^k états équivalents à un codeur avec k éléments de mémoire .Pour que le code soit puissant on doit avoir plus que 2^k états possibles et comme le taux augmente un tel code sera complexe.Des recherches de codes de bonnes distances de Hamming .Daut el al a fait des recherches pour des codes de rendements grands .Ils ont donné un code de rendement =5/6 mais malheureusement il était à 8 états .Il y avait 4 branches parallèles dans le Treillis et les simulations ont démontré que le code n'a pas de bonnes performances sur un canal de Rayleigh.Hagenauer a fait une recherche sur ordinateur pour un taux égal à (n-1)/n pour un code systématique non récursif pour n prend la valeur maximale égale à 8.Pour un rendement de code =5/6 il a pris des matrices de générateurs jusqu'à 16 éléments de mémoire et ce travail n'a pas été simulé sur un canal de Rayleigh à évanouissements.

On va maintenant comparé 3 différents codes convolutionnels au système de base .Le premier codeur est pour R=3/4 ayant 8 états récursifs ,codes systématiques ont été proposé par Ungerboeck pour le MAQ16 sur le canal gaussien.

$$G= \begin{bmatrix} 1 & 0 & 0 & 0 \\ 0 & 1 & 0 & \dfrac{D}{1+D^3} \\ 0 & 0 & 1 & \dfrac{D^2}{1+D^3} \end{bmatrix} \qquad (46)$$

Le deuxième et le troisième codeur sont basés à un rendement égal à 2/3.Codeur à 8 états pour maximiser la distance libre .Le codeur a été étendu à ¾ et cela en ajoutant des bits systématiques supplémentaires .

Les matrices génératrices deviennent :

$$G= \begin{bmatrix} 1 & 0 & 0 & 0 \\ 0 & 1 & D & 1+D \\ 0 & D^2 & 1 & 1+D+D^2 \end{bmatrix} \qquad (47)$$

$$G= \begin{bmatrix} 1 & D & 1+D & 0 \\ D^2 & 1 & 1+D+D^2 & 0 \\ 0 & 0 & 0 & 1 \end{bmatrix} \qquad (48)$$

Ce qui résulte respectivement du partitionnement de la figure 9.

Le taux d'erreur en symboles des trois codeurs comparé au système de plan de base est tracée dans la figure 10.Le système de base avec le correct R=3/4 codeur a une meilleure performance et les performances du codeur étendue pour R=2/3 se dégradent.Le code Ungerboeck a des performances mauvaises mais le code n'été jamais mis en œuvre pour fonctionner dans un environnement de canaux à évanouisements.

I. L'étiquetage des constellations :

Un problème intrinsèque de l'étiquetage de Gray est que l'étiquetage binaire de bits voisins diffère d'un seul bit de position.

Si la position de ce bit était à gauche non codé par le codeur la distance à l'intérieur des séries sera la distance Euclidienne fondamentale de la constellation Δ_E .Ce qui favorise les transitions parallèles .Or ce n'est pas favorisé .Cependant le partitionnement de séries dans l'étiquetage de Gray de la constellation du signal peut être fait de différentes façons et différents bits peuvent être non codés.

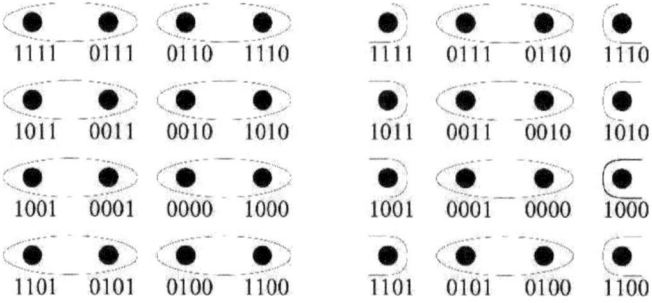

Figure 9. Deux manières de partitionner le MAQ16 en 8 séries.Sur la gauche le premier bit est non codé alors que sur la droite le dernier bit est non codé.

Quand on compare le taux d'erreur de symbol de deux systèmes codés appartenant à la même série on remarque une différence approximativement de 3 dB pour un grand rapport Signal sur bruit .Dans le meilleur des deux systèmes la moitié des symbols appartenant au même ensemble sur les sommets de la constellation et seulement la moitié des symboles appartenant à la même série ou bien encerclés ont une distance dans la série égale à la distance fondamentale. En examinant les taux d'erreurs en bits des même séries de l'ensemble du système codé on remarque premièrement une protection d'erreur non égale.Les 2 bits codés perform de la même manière, Le UEP résiduel vient de la modulation aléatoire dans les systèmes BICMs et le troisième bit non codé est pire que les autres.On peut considérer le troisième bit comme une modulation PSK implémentée dans le système codé.La performance du bit non codé peut être comparé à la performance du BPSK non codé.La probabilité d'erreur du BPSK sur un canal de Rayleigh est donnée par :

$$P_b = \frac{1}{2}\left(1 - \sqrt{\frac{\overline{\gamma_b}}{1+\overline{\gamma_b}}}\right) \qquad (49)$$

Avec $\overline{\gamma_b}$ c'est la moyenne du rapport signal sur bruit.

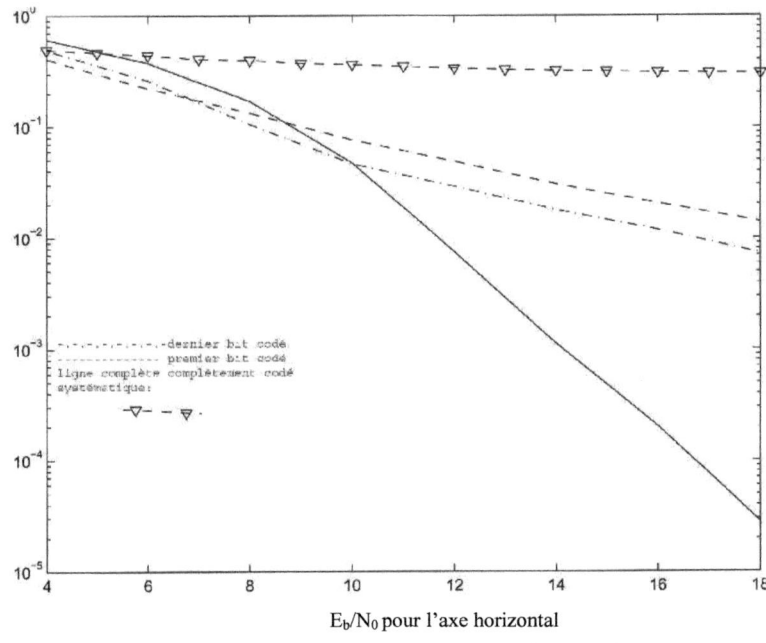

E_b/N_0 pour l'axe horizontal

Taux d'erreur par symbol pour l'axe vertical

Figure 10 :Comparaison entre différents matrices de codeurs,distance de Hamming maximale,systématique et codeur appartenant aux mêmes séries pour des BICMs sans faire des itérations juste pour comparer les performances des codeurs

Une pénalité de la puissance par le code donné quand on doit étendre la constellation de AMPM pour guarantir une distance Euclidienne minimale quand on ajoute le BPSK.

La probabilité d'erreur donnée par (40) est dessinée dans la figure (11).

La deuxième observation dans la figure (11) est la différence de performance entre les 2 systèmes .Dans le système ou les sous séries sont tranchées entre les sommets de la constellation performent mieux que dans le système ou les séries encerclées sont complètes.Or c'est le même que l'observation précédente quand le taux d'erreur dépend uniquement des bits non codés.Le contraire est vrai sur les bits codés,ici les séries tranchées performent pire.Afin d'expliquer ce qui se passe supposons que nous transmettons les points 1000 dans la figure ci dessous

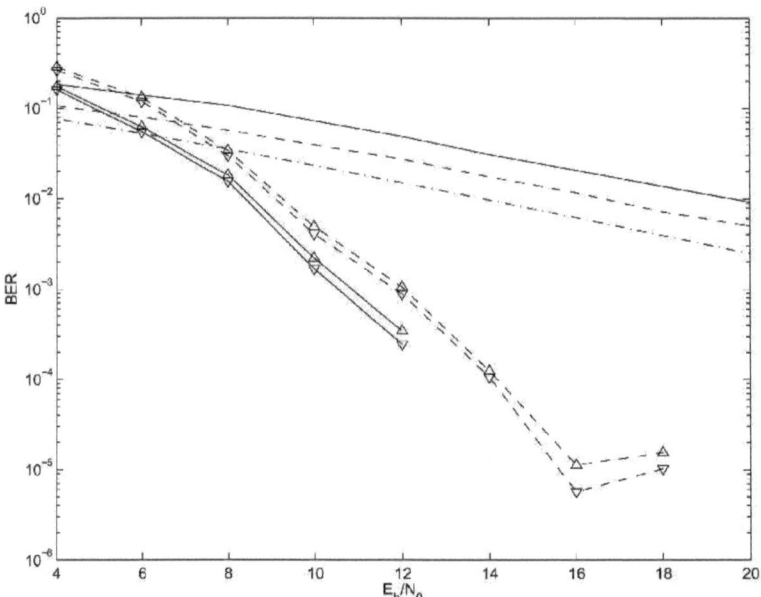

Comparaison entre 2 séries de MAQ-16 de systèmes codés pour les BICMs sans faire des itérations pour comparer les performances des BICMs .Les lignes complètes correspondent au cas du premier bit non codé et les lignes incomplètes correspondent au cas du dernier bit non codé correspondent Δ ∇ sont les bits codés et les lignes non marqués sont les bits non codés alors que la ligne en tirets et pointillée correspond à la performance du BPSK.

Si l'on a des canaux parfaits les erreurs dépendent du bruit additif.Dans la partie droite de la figure ci dessus tous les voisins appartiennent aux mêmes séries et tous les trois ont le même dernier bit .Pourcela si on décode pour un proche symbol, on commet une erreur dans le décodage de la séquence codée alors que les bits codés restent corrects.Pourtant si on fait le partitionnement dans la gauche ,l'un des 3 voisins appartiennent au même sous série.dans un cas hors des trois on décode les bits non codés faussement sans ajouter des erreurs au décodage des séquences codées.Dans d'autres séquences les bits codés sont corrects mais on décode vers la même série encerclée faussement .Le choix des séries de partitionnement dépend comment on veut protéger les bits codés et les bits non codés.

Quand la constellation devient grande la fraction des séries encerclées tranchées entre les sommets devient plus petits donc on doit s'attendre à ce que les performances restent les mêmes en augmentant la taille de la constellation jusqu'à l'infini.On simule le MAQ-64 avec 2 bits non codés et 2 séries de partitionnement .Pour avoir les matrices génératrices une matrice d'identité a été ajoutée à droite et à gauche avec un

58

R=3/4,respectivement les résultats des séries de patitionnement sont indiqués dans la figure (12).La constellation complète est obtenue et cela en partitionnement 2 à 2 le bloc MAQ-16.

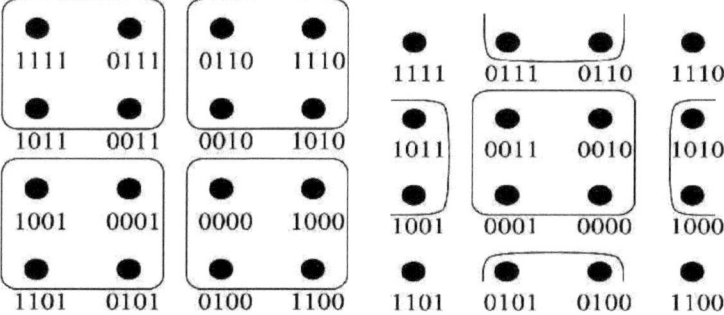

Figure 12 : les proches voisins dans une constellation MAQ16.Les points dans les mêmes séries à la droite tous ont les mêmes 2 desniers bits alors que les points dans la constellation à droite ont les mêmes 2 premiers bits.

Dans la figure ci-dessous .Pour le MAQ64 on 2 points de changement dans la courbe .La performance des courbes est plus proche que pour le MAQ-16.Supposons que les performances des courbes sont maintenues proches même pour un grand rapport signal sur bruit,on conclut que pour les grandes constellations il ne sera pas important de savoir quel bit est non codé car le nombre de séries encadrés sera dans tous les cas grand.

Aussi le traçé dans la figure ci dessous c'est le code à 8 états de Daur et Al.Ce code a 4 branches parallèles ce qui correspond à 2 bits non codés et peut être vue dans la figure et la performance est comparable aux mêmes séries de systèmes codés.

II.4 tude théoriques   :

A. Probabilité d'erreur exacte pour les canaux ergodiques :

Une limite supérieure fixe pour la probabilité d'erreur pour un décodage sans erreur pour un MIMO-BICM.Ici on présente une approche de la probabilité d'erreur sur un canal ergodique à plusieurs antennes (MIMO) sous un décodage ML du BICM et un entrelacement idéal.
Considérons deux mots de code X=X(c) $\in$ C_E et X'=X(c')$\in$ C_E avec une distance de Hamming
$\omega = d_H(c,c')$ entre les mots de code c et c'.Si on suppose un entrelacement idéal,alors les ω différentes de positions sont dispersées en temps et en fréquence sur des périodes de transmission distinctes.La probabilité

d'erreur de ces ω positions.Bref on va réduire la notation de X et X' à $X=\{x_1,.....,x_\omega\}$. $X'=\{x'_1,.....,x'_\omega\}$ ou les composants x_k et $x'_k \in$ à la série ΩH_k

Notre but dans cette section est de calculer $P_\omega(c \to c') = E_H\left[P_{H,\omega}(c \to c')\right]$

La probabilité d'erreur est exprimée par $P_{H,\omega}(c \to c')$ comme :

$$P_{H,\omega}(c \to c') = P_{H,\omega}(X \to X') = P(e^{-\sum_{k=1}^{\infty}\|y_k - x_k\|^2/2N_0} < e^{-\sum_{k=1}^{\infty}\|y_k - x'_k\|^2/2N_0})$$

Pour une série de realisations H de canaux,une correcte décision est prise par le ML lorsque le LLR est positif :

$$\begin{cases} LLR &= \log\left(\dfrac{e^{-\sum_{k=1}^{\infty}\|y_k - x_k\|^2/2N_0}}{e^{-\sum_{k=1}^{\infty}\|y_k - x'_k\|^2/2N_0}}\right) = \dfrac{\sum_{k=1}^{\omega}\|y_k - x'_k\|^2 - \|y_k - x_k\|^2}{2N_0} = \sum_{k=1}^{\omega} LLR_k \text{ Pourcela} \\ P_{\omega,H}(c \to c') &= P(LLR < 0) = P\left(\sum_{k=1}^{\omega} LLR_k < 0\right) \end{cases}$$

$$P_\omega(c \to c') = E_H\left[P(LLR < 0)\right] = E_H\left[\int_{-\infty}^{0} P_{LLR}(x)dx\right] = \int_{-\infty}^{0} P_{\overline{LLR}}(x)dx$$

Avec P_{LLR} (x) la densité de probabilité de LLR et $P_{\overline{LLR}}(x) = E_H\left[P_{LLR}(x)\right]$ est la densité de probabilité de $\overline{LLR} = E_H[LLR]$.On va exprimer premièrement la fonction

En utilisant $LLR = \sum_{k=1}^{\omega} LLR_k$

Pour cela équation(1.a) :

$$\psi_{\overline{LLR}}(j\upsilon) = E_H\left[\prod_k \psi_{LLR}(j\upsilon)\right] = \prod_k \psi_{\overline{LLR}}(j\upsilon)$$

ou

$$\psi_{\overline{LLR_k}}(j\upsilon) = E_{H_k}\left[\psi_{LLR_k}(j\upsilon)\right]$$

Ou $\psi_{LLR_k}(j\upsilon)$ est la fonction caractéristique de $P_{LLR_k}(x)$

2 points sont inclus dans l'expression de LLR_k :$x_k = z_k H_k$ et $x'_k = z_k^{-l_k} H_k$.

Avec H_k une instance de H dans la période k .Comme on a un entrelacement idéal le point $z'_k = z_k^{-l_k}$ et cela est obtenu en renversant le bit à la position l_k dans un étiquetage binaire z_k ($1 \le l_k \le mn_t$).La distance Euclidienne au carré entre z_k et $z_k^{-l_k}$ et c'est notée

$d_k^2 = \|z_k - z_k^{-l_k}\|$.La distance spectrale dépend du type de la modulation,sa taille et son étiquetage binaire.Pour une modulation de MAQ-2^m des étiquetages différents conduisent à des probabilités d'erreur différentes.

Premièrement on calcule les caractéristiques du LLR_k pour une modulation binaire définie par 2

points$\{z_k, z_k^{-l_k}\}$transmis sur un canal MIMO l'expression de LLR devient :

$$LLR_k = \frac{1}{2N_0}\left(\left\|y_k - \bar{z}_k^{\ell_k}H_k\right\|^2 - \left\|y_k - z_kH_k\right\|^2\right) = \frac{1}{2N_0}\left(R_k + 2\Re\left((z_k - \bar{z}_k^{\ell_k})H_k\eta_k^*\right)\right)$$

Avec * le transposé conjugué et R_k est la norme au carré du vecteur $(z_k - z_k^{-l_k})H_k$.

Si un étiquetage classique monodimensionnel a été utilisé indépendemment de chaque antenne $(z_k - z_k^{-l_k})$ a un

composant non nul seulement à la position $\lfloor l_k / m \rfloor$

Afin de ne pas prendre aucune supposition sur le vecteur $(z_k - z_k^{-l_k})$ on reste dans le cas général .

Il a été démontré que la formule ci-dessous est un bruit blanc gaussien avec une moyenne nulle et une variance R_k/N_0

$$\Re\left(\frac{(z_k - z_k^{l_k})}{N_0}H_k\eta_k^*\right)$$

En plus $\dfrac{z_k - z_k^{-l_k}}{d_k}H_k$ inclue n_r variables indépendantes ,identiquement distribuées et aléatoires complexes

gaussiennes avec une moyenne nulle et une variance égale à l'unité.

Alors R_k a une distribution de Chi-Square d'ordre $2n_r$.

$$p_{R_k/d_k^2}(\alpha) = \frac{\alpha^{(n_r-1)}e^{-\alpha}}{(n_r - 1)!}$$

Notons que LLR est distribué suivant gausse

$$LLR_k \sim \mathcal{N}\left(\frac{R_k}{2N_0}, \frac{R_k}{N_0}\right)$$

La caractéristique du LLR est :

$$\psi_{LLR_k}(j\nu) = E\left[e^{j\nu LLR_k}\right] = \exp\left(\frac{\nu}{2}\frac{R_k}{N_0}(j - \nu)\right)$$

L'expression mathématique $E_{R_k}[.]$ *sur* R_k *est équivalente à une* exp*ectation* sur H_k. Pour cela on

retrouve les équations (1.b):

$$\begin{cases} \psi_{\overline{LLR}_k}(j\nu) &= E_{R_k}\left[\psi_{LLR_k}(j\nu)\right] \\ &= \left(1 - \frac{d_k^2}{2N_0}\nu(j - \nu)\right)^{-n_r} \\ &= \left(\frac{d_k^2}{2N_0}(\nu - ja(d_k))(\nu - jb(d_k))\right)^{-n_r} \end{cases}$$

$$\begin{cases} a(d_k) &= \frac{1}{2}\left(1 + \left(\sqrt{1 + \frac{8N_0}{d_k^2}}\right)\right) \\ b(d_k) &= \frac{1}{2}\left(1 - \left(\sqrt{1 + \frac{8N_0}{d_k^2}}\right)\right) \end{cases}$$

b)caractéristiques des fonctions du $\overline{LLR}$:

Soit D dénotant la série des distances Euclidiennes obtenues en changeant un bit dans la constellation Ω .Définissons la série $\Delta = \{\delta_1, \delta_2 \ldots, \delta_{nd}\} \subset D$ de la séquence $\{d_1, d_2 \ldots, d_\omega \in \Delta^\omega \subset D^\omega\}$.La distance Euclidienne prend sa valeur de la série Δ.

La valeur n_d est définie de différents distances occurant dans la séquence$(d_1, d_2, \ldots, d_n)$.

Or on a que $n_d = |\Delta| \leq |D|$.Soit λ_k dénotant la fréquence de δ_k de la séquence $(d_1, d_2, \ldots, d_n)$,

$$\sum_{k=1}^{n_d} \lambda_k = \omega \quad et \quad \Lambda = \{\lambda_1, \ldots, \lambda_{n_d}\}$$

En utilisant les équations (1.a) et (1.b) on obtient la moyenne de la fonction caractéristique :

$$
\begin{aligned}
\psi_{\overline{LLR}}(j\nu) &= \prod_{k=1}^{w} \left(\frac{-d_k^2}{2N_0} (j\nu + a(d_k))(j\nu + b(d_k)) \right)^{-n_r} \\
&= \left(\prod_{k=1}^{w} \left(\frac{-d_k^2}{2N_0} \right)^{-n_r} \right) \left(\prod_{k=1}^{n_d} ([j\nu + a(\delta_k)][j\nu + b(\delta_k)])^{-n_r \lambda_k} \right) \\
&= \left(\prod_{k=1}^{w} \left(\frac{-d_k^2}{2N_0} \right)^{-n_r} \right) \left(\prod_{k=-n_d, k \neq 0}^{n_d} [j\nu + \beta_k]^{-n_r \lambda_{|k|}} \right)
\end{aligned}
$$

ou les poles ci-dessus sont définies par $\beta_{k>0} = a(\delta_k), \beta_{k<0} = b(\delta_{-k})$

c)expansion de la fraction partielle de $\overline{LLR}$:

Pour permettre la dérivation de $p_{\overline{LLR}}(x)$ il faut calculer les fractions partielles de $\psi_{\overline{LLR}}(j\nu)$.D'après un outil mathématique la fonction caractéristique est écrite sous la forme :

$$\psi_{\overline{LLR}}(j\nu) = \prod_{k=1}^{w} \left(\frac{-d_k^2}{2N_0} \right)^{-n_r} \sum_{k=-n_d, k \neq 0}^{n_d} \sum_{i=1}^{n_r \lambda_{|k|}} \frac{\alpha_{k,i}}{(j\nu + \beta_k)^i}$$

Les coefficients $\alpha_{l,j}$ peuvent être évalué des identités suivantes :

$$\sum_{i=0}^{n_r \lambda_\ell - 1} \alpha_{\ell, n_r \lambda_\ell - i} c^i + \mathcal{O}(c^{n_r \lambda_\ell}) = \prod_{k=-n_d, k \neq \ell, k \neq 0}^{n_d} \sum_{i=0}^{n_r \lambda_\ell - 1} \frac{(-1)^i \binom{n_r \lambda_{|k|} + i - 1}{i}}{(\beta_k - \beta_\ell)^{n_r \lambda_{|k|} + i}} c^i + \mathcal{O}(c^{n_r \lambda_\ell})$$

$$\binom{n}{k} = \frac{n!}{k!(n-k)!}$$

Du aux simples propriétés de $a(\delta_k) - 1/2 = 1/2 - b(\delta_k)$ et $\psi_{\overline{LLR}}(j\nu - 1/2) = \psi_{\overline{LLR}}(-j\nu - 1/2)$

On a que $\alpha_{-k,i} = (-1)^i \alpha_{k,i}$ or les coefficients $\alpha_{k,i}$ sont évalués pour k>0.L'expression devient :

$$\psi_{\overline{LLR}}(j\nu) = \prod_{k=1}^{w} \left(\frac{-d_k^2}{2N_0} \right)^{-n_r} \sum_{k=1}^{n_d} \sum_{i=1}^{n_r \lambda_k} \frac{\alpha_{k,i}}{(j\nu + a(\delta_k))^i} + \frac{(-1)^i \alpha_{k,i}}{(j\nu + b(\delta_k))^i}$$

d)Probabilité d'erreur conditionnelle :

enfin on prend la fonction de densité de probabilité de $\overline{LLR} = \sum_{k=1}^{\omega} \overline{LLR_k}$ par la transformée de Fourrier

$$p_{\overline{LLR}}(x) = \frac{1}{2\pi} \int_{-\infty}^{+\infty} \psi_{\overline{LLR}}(j\nu) e^{-j\nu x} d\nu$$

$$= \frac{1}{2\pi} \prod_{k=1}^{w} \left(-\frac{2N_0}{d_k^2}\right)^{n_r} \sum_{k=1}^{n_d} \sum_{i=1}^{n_r \lambda_k} \alpha_{k,i} \left[I_i(x, a(\delta_k)) + (-1)^i I_i(x, b(\delta_k))\right]$$

La fonction $I_i(x, a(\delta_k))$ est définie par :

$$I_i(x, a(\delta_k)) = \frac{(-x)^{i-1}}{(i-1)!} 2\pi \, \text{sgn}(a(\delta_k)) e^{a(\delta_k)x} H(-\text{sgn}(a(\delta_k))x)$$

Or on a

$$I_n(x, a(\delta_k)) = \frac{-x}{n-1} I_{n-1}(x, a(\delta_k)) = \frac{(-x)^{n-1}}{(n-1)!} I_1(x, a(\delta_k))$$

Et on a :

$$I_1(x, a(\delta_k)) = \int_{-\infty}^{+\infty} \frac{e^{-j\nu x}}{j\nu + a(\delta_k)} d\nu = 2\pi \, sgn(a(\delta_k)) e^{a(\delta_k)x} \mathbb{H}(-sgn(a(\delta_k))x)$$

avec sgn(x) est la fonction sign et H est la fonction de Heaviside step.

En utilisant :

$$\int_{-\infty}^{0} I_i(x, b(\delta_k)) dx = 0$$

Et

$$\int_{-\infty}^{0} I_i(x, a(\delta_k)) dx = 2\pi \int_{-\infty}^{0} \frac{(-x)^{i-1}}{(i-1)!} e^{a(\delta_k)x} dx = 2\pi \frac{1}{a(\delta_k)^i}$$

La probabilité d'erreur par mot de code est :

$$P_w(c \to c') = \int_{-\infty}^{0} p_{\overline{LLR}}(x) dx$$

Ce qui conduit à l'expression suivante(1.c) :

$$P_w(c \to c') = P_w(\Delta, \Lambda) = \prod_{k=1}^{w} \left(-\frac{2N_0}{d_k^2}\right)^{n_r} \sum_{k=1}^{n_d} \sum_{i=1}^{n_r \lambda_k} \frac{\alpha_{k,i}}{a(\delta_k)^i}$$

$$P_w = E_{c,c'|w}\left[P_w(c \to c')\right] = E_{c,c'|w}\left[P_w(\Delta, \Lambda)\right]$$

e)Expectation sur la série de distance

Toutes les séquences $(d_1, d_2, ..., d_\omega)$ correspondant au même (Δ, Λ) possèdent la même probabilité

d'erreur.Nous avons la probabilité d'erreur entre deux mots de code c et c' tel que $d_H(c,c') = \omega$

$$P_w = E_{\Delta, \Lambda|w}\left[P_w(\Delta, \Lambda)\right]$$

Moyennant entre les paires c et c' c'est équivalent à moyenner entre (Δ, Λ) et cela a été fait grâce à

l'entrelaceur Or chaque paire (Δ, Λ) est représentée en $\omega! / \prod_{i=1}^{n_d} \lambda_i!$ des paires équivalents (Z,Z').ou les vecteurs

$\omega - \dim$ *ensionnel* Z et Z'conduisent respectivement à X et X' .Pour une paire (Z,Z') correspond à un nombre

élevé de (c,c'),la complexité d'une expectation numérique est réduite en pratique en performant des

expectations sur

63

$\Delta\,et\,\Lambda : P_\omega = E_{\Delta,\Lambda|\omega}\left[P_\omega(\Delta,\Lambda)\right].$

f)on peut calculer l'expression asymptotique et cela quand le niveau de bruit est faible .Cependant le gain de codage et la diversité sont calculés pour un grand rapport signal sur bruit.ou la performance a une asymptote linéaire sur l'échelle logarithmique.

$$P_w \underset{N_0 \to 0}{\sim} \left(\frac{2n_r w - 1}{n_r w}\right) E'_D{}^w \left[\prod_{k=1}^{w}\left(\frac{2N_0}{d_k^2}\right)^{n_r}\right] = \left(\frac{2n_r w - 1}{n_r w}\right)\left(\frac{2N_0}{\mathcal{G}_{ergo}}\right)^{wn_r}$$

La diversité associée avec la paire de Hamming de poids ω est l'exposant égal à ωn_r

La diversité est définie avec l'exposant de N_0,on peut définir le gain de codage ou l'avantage du codage par le coefficient de division N_0 .

$$\frac{1}{\mathcal{G}_{ergo}^{wn_r}} = E'_D{}^w\left[\frac{1}{d_k^{2n_r w}}\right] \Leftrightarrow \frac{1}{\mathcal{G}_{ergo}^{n_r}} = E'_D\left[\frac{1}{d_k^{2n_r}}\right]$$

Les distances associées à différentes valeurs de k sont indépendantes.

f)L'expression exacte de la probabilité d'erreur pour le canal bloc à évanouissements :

Avant on avait exprimé la probabilité d'erreur par mot de code sur les canaux ergodiques idéaux or maintenant on va exprimer cette probabilité d'erreur sur les canaux en bloc à évanouissements.Supposons que le nombre de canaux indépendents est n_C.On utilise la notation introduite précédemment X={$x_1\dots x_\omega$} et X'={$x_1',\dots,x_\omega'$}pour dénoter les ω composants des mots de code transmis c et c' telque $d_H(c,c')=\omega$ .Les canaux des matrices ne sont pas indépendantes comme dans le cas ergodique.Les conditions d'indépendance sont les suivantes :

- Si deux variables aléatoires LLR dépendent de deux différents canaux de réalisations alors elles sont indépendantes.
- Si deux variables aléatoires LLR dépendent de la même réalisation du canal mais sont sur 2 antennes de transmissions indépendantes.,alors les variables aléatoires sont indépendantes.

Le nombre maximal de LLR indépendantes est égal $n_c n_t$ qui détermine l'ordre de diversité.On va noter état de canal $1 \times n_r$ le canal SIMO associé à une des antennes n_t de transmission et à l'un des n_c canaux de réalisation..On choisit un code correcteur d'erreur telque $\omega \geq n_t n_c$.

Ensuite on groupe les ω variables aléatoires LLR en min($n_t n_c, \omega$)=$n_t n_c$ blocs indépenants.

Soit le LLR$_{k,l,i}$ le $i^{\text{ème}}$ Log likelihood ratio correspondant à la transmission BSK sur la $l^{\text{ème}}$ antenne du $k^{\text{ème}}$ bloc ,avec k=1,…n_c et l=1…n_t ,i=1….$\kappa_{k,l}$ .avec $\kappa_{k,l}$ est le nombre de bits transmis sur la $l^{\text{ème}}$ antenne du $k^{\text{ème}}$ bloc et on a :

$$\sum_{k=1}^{n_c}\sum_{l=1}^{n_t} \kappa_{k,l} = w$$

LLR est la somme de $n_t n_c$ variables aléatoires LLR$_{k,l}$ tel que :

$$LLR_{k,l} = \sum_{i=1}^{\kappa_{k,l}} LLR_{k,l,i}$$

$$LLR = \sum_{k=1}^{n_c} \sum_{l=1}^{n_t} \sum_{i=1}^{\kappa_{k,l}} LLR_{k,l,i}$$

Soit $d_{k,l,i}$ dénote la distance associée avec $LLR_{k,l,i}$ et on définit $\gamma_{k,l}^2 = \sum_{i=1}^{\kappa_{k,l}} d_{k,l,i}^2$ la distance associée à $LLR_{k,l}$ .On a que :

$$LLR_{k,l} \sim \mathcal{N}\left(\frac{R_{k,l}}{2N_0}, \frac{R_{k,l}}{N_0}\right)$$

ou $R_{k,l} = \gamma_{k,l}^2 \|H_k(l)\|^2$ ou $R_{k,l}$ est la $l^{ème}$ ligne de H_k.Pour tous les i $LLR_{k,l,i}$ sont transmises sur l'équivalent de $1 \times n_r$ canaux SIMO défini par $H_k(l)$ qui est la distribution Chi-square avec un degré de $2n_r$.Les $LLR_{k,l}$ sont transmis sur des canaux indépendants comme dans le cas du canal ergodique.On applique le (1.c) et on obtient la probabilité d'erreur par mot de code de la forme suivante :

$$P_w(X \to X') = P_w(\Delta, \Lambda) = \prod_{k=1}^{n_c} \prod_{l=1}^{n_t} \left(-\frac{2N_0}{\gamma_{k,l}^2}\right)^{n_r} \sum_{n-1}^{n_d} \sum_{i=1}^{n_r \lambda_n} \frac{\alpha_{n,i}}{a(\delta_n)^i}$$

ou $\delta_n \in \Delta$ et (Δ, Λ) est la paire de série représentant la séquence $(\gamma_{1,1}^2, ..., \gamma_{n_t,n_c}^2)$

Les coefficients $\alpha_{n,i}$ sont calculés.

Ensuite une expectation sur (Δ, Λ) conduit à P_ω.La moyenne de la probabilité d'erreur conditionnelle sur $d_H(c,c')=\omega$ .L'expression asymptotique de P_ω est :

$$P_w \underset{N_0 \to 0}{\sim} \binom{2n_r n_t n_c - 1}{n_r n_t n_c} L_D^\omega \left[\prod_{k-1}^{n_w} \prod_{l-1}^{n_t} \left(\frac{2N_0}{\gamma_{k,l}^2}\right)^{n_r}\right]$$

La diversité associée avec la paire de Hamming considérée de poids ω est ensuite égale à l'exposant de $n_t n_c n_r$.Le gain de codage est donné par l'expectation de $\gamma_{k,l}^2$ moyenne géométrique qui égale à :

$$\mathcal{G}_{bf}^{-n_r n_t n_c} = E_{D^\omega}\left[\prod_{k-1}^{n_c} \prod_{l-1}^{n_t} \left(\sum_{i=1}^{\kappa_{k,l}} d_{k,l,i}^2\right)^{-n_r}\right]$$

B. Limite des performances d'un BICM en excluant les itérations :

On doit alors motiver l'utilisation de la distance de Hamming sur le canal de Rayleigh en donnant une expression de la probabilité d'erreur sur le canal de Rayleigh.

Soit x=(x $_1$,x $_2$,...x$_N$)qui exprime un vecteur de N symbols transmis de la constellation du signal avec $r_n = \rho_n x_n + n_n$ (1)

Avec ρ_n est une variable représentant la caractéristique évanouissement et n_n est un processus complex du bruit avec $Re(n_n)$ et $Im(n_n)$ ne sont pas corrélés avec chacune une variance égale à $\sigma^2 = N_0/2$. On considère que la phase est connue par le récepteur pourcela ρ_n représente l'amplitude de l'évanouissement au temps n. Si l'on suppose un entrelacement et un désentrelacement parfait, le canal sera sans mémoire et les amplitudes des évanouissements sont des échantillons indépendants pour certaines fonctions de densité de probabilité.

En utilisant une limite supérieure sur la probabilité d'erreur du bit est donnée par :

$$P_b \le \sum_x \sum_{\bar{x} \in C} a(x, \bar{x}) p(x) P[x \rightarrow \hat{x}] \quad (2)$$

Avec $a(x, \hat{x})$ est le nombre de bits erronés quand le recepteur décode la valeur $x \ne \hat{x}$ au lieu de la séquence de transmission x est la probabilité a-priori de la séquence transmise .C est la série des séquences possibles et $P[x \rightarrow \hat{x}]$ c'est la probabilité de décision erronée exprimée de la manière suivante quand elle est conditionnelle.

$$P[x \rightarrow \hat{x} \mid \rho] \le \exp\left\{ \frac{-E_S}{4N_0} \sum_{n \in \eta} \rho_n^2 \|\hat{x}_n - x_n\|^2 \right\} (3)$$

Avec η est la série de tous les n telque $x_n \ne \hat{x}_n$. La somme représente un poids au carré de la distance de la distance Euclidienne entre les séquences x et $\hat{x}$.

L'amplitude des évanouissements est donnée par la distribution Ricienne.

$$f(\rho) = \begin{cases} 2\rho(1+K)\exp[-K - \rho^2(1+K)] \times I_0(2\rho\sqrt{K(1+k)}) \, pour & \rho \ge 0 \\ 0 & ailleurs \end{cases} (4)$$

et en moyennant sur cette distribution donne la probabilité non conditionnelle d'erreur.

$$P[x \rightarrow \hat{x}] \le \prod_{n \in \eta} \frac{1+K}{1+K+\dfrac{\overline{E}_S}{4N_0}\|\hat{x}_n - x_n\|^2} \times \exp\left\{ -\frac{K\dfrac{\overline{E}_S}{4N_0}\|\hat{x}_n - x_n\|^2}{1+K+\dfrac{\overline{E}_S}{4N_0}\|\hat{x}_n - x_n\|^2} \right\} (5)$$

Le canal est fait dans le cas Gaussien et le cas Rayleigh est déterminé et cela en donnant une valeur à K. Dans le cas gaussien on donne à $K = \infty$.

L'expression devient comme suit :

$$P[x \rightarrow \hat{x}] \le \exp\left(\frac{\overline{E}_S}{4N_0} \sum_{n \in \eta} \|\hat{x}_n - x_n\|^2 \right) (6)$$

Dans le cas d'un canal de Rayleigh pas de composants directs et on aura K=0.

$$P[x \rightarrow \hat{x}] \leq \exp\left\{-\sum_{n \in \eta} \ln\left(1 + \frac{\overline{E}_S}{4N_0}\|\hat{x}_n - x_n\|^2\right)\right\} \quad (7)$$

$$= \prod_{n \in \eta} \frac{1}{1 + \frac{\overline{E}_S}{4N_0}\|\hat{x}_n - x_n\|^2} \quad (8)$$

Et pour de grands valeur de rapports Signal sur bruit on obtient l'expression :

$$P[x \rightarrow \hat{x}] \leq \left(\prod_{n \in \eta} \frac{\overline{E}_S}{4N_0}\|\hat{x}_n - x_n\|^2\right)^{-1} \quad (9)$$

En remplaçant l'équation (9) dans l'équation (2)
On obtient l'expression suivante :

$$P_b \leq \sum_x \sum_{\hat{x} \in C} a(x,\hat{x}) p(x) \prod_{n \in \eta} \frac{4}{\left(\frac{\overline{E}_S}{N_0}\right)\|\hat{x}_n - x_n\|^2} \quad (10).$$

D'après l'équation 10 on constate que la probabilité d'erreur est inversement proportionnelle au carré de la distance Euclidienne non nul entre 2 séquences données.

Le cardinal de η des distances non nulles entre les symboles suivant les chemins corrects et les chemins pour une erreur d'évènements.Cette diversité de chemins joue un rôle important.Cette diversité joue le même rôle que joue la diversité de temps et la diversité d'espace pour combattre la caractéristique d'évanouissements.A des grandes valeurs de $\frac{\overline{E}_S}{N_0}$ on doit considérer les erreurs de la plus grande longueur donc la plus petite $|\eta|$ .Et

la probabilité d'erreur par bit devient égale à : $P_b \cong \frac{1}{b} C \left(\frac{1}{\overline{E}_S / N_0}\right)^{|\eta|}$

Avec b est le nombre de bits à l'entrée et C est une constante qui dépend de la structure de distance du code.

C. Les propriétées des distances :

D'après les équations (10) et (11) distance de Hamming est très importante pour avoir la diversité.Cependant les bonnes distances de Hamming génèrent de bonnes distances Euclidiennes quand les peformances sont dépendantes du produit de ces distances et l'effet de AWGN est relié par la distance Euclidienne.La relation entre 2 codes c , c' et la distance Euclidienne entre 2 deux points de la constellation 8-PSK c'est :

$$\frac{d_E^2(\mu(c),\mu(c'))}{E_S} \geq d_H(c,c').2\ \left[1-\cos\left(\frac{\pi}{4}\right)\right] \qquad (15)$$

$$\geq d_{free}.2\ \left[1-\cos\left(\frac{\pi}{4}\right)\right] \qquad (16)$$

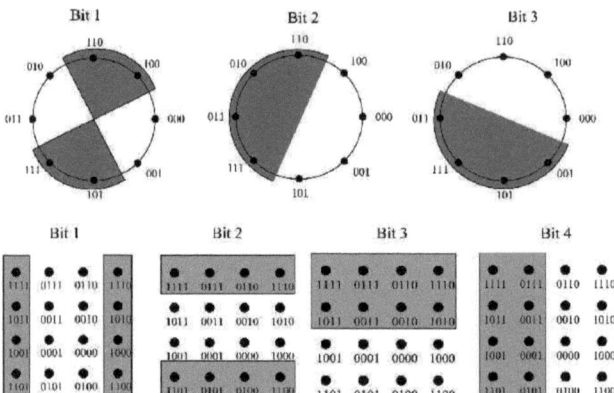

Figure 5 les sous séries de 8PSK et MAQ-16

Avec µ est pour faire le changement des mots de code vers les points de constellations.

$2\left[1-\cos\left(\frac{\pi}{4}\right)\right]$ est la distance minimale entre n'importe quel 2 points de la constellation de la constelltion du 8-PSK, d_{free} est distance binaire libre du code convolutionnel.

L'inégalité (15) peut être généralisée de la forme suivante :

$$\Delta_{E^2}^{d_H(c,c')} \geq d_H(c,c').\Delta_{E^2} \qquad (17)$$

La distance Euclidienne au carré entre les constellations correspondants à deux mots de code pour la distance de Hamming $d_H(c,c')$ est plus grande ou égale à la distance de Hamming multipliée par la distance minimale Euclidienne Δ_{E^2} dans la constellation de Gray. Dans la constellation d'Ungerboeck ça ne serait pas vrai car tous les zéros et tous les 1 des mots de codes se trouvent dans des points qui sont proches de la constellation.

D. Les constellations PSK :

On considère les constellation PSK pour une énergie de symbol normalisée.

On doit démontrer que l'équation (17) est utilisée pour tous les M.

Dans la constellation du signal M-PSK la distance Euclidienne au carré est égale à :

$$\Delta_{E^2} = 2 \left[1 - \cos\left(\frac{2\pi}{M} \right) \right]$$

On va démontrer que

$$\Delta_{E^2}^{d_H(c,c')} \geq d_H(c,c').\Delta_{E^2} \quad (18)$$

$0 \leq d_H(c,c') \leq n$ pour tous les $M \geq 4$

La démonstration est basée sur une preuve géométrique de la constellation M-PSK.

Soit d_1 la distance entre le $0^{\text{ième}}$ et le premier point de la constellation et h dénote la distance de Hamming .On doit démontrer que $d_h^2 \geq h \quad . \quad d_1^2$

Avec $0 \leq h \leq n$

Pou $h \geq 2$ on obtient alors :

Pour φ angle entre les droites d_1 ou entre d_1 et d_2 .

$$d_2^2 = d_1^2 - 2d_2 d_1 \cos(\varphi) \quad (19)$$

Pour la loi des cosinus pour $M \geq 4$ $\varphi \geq \frac{\pi}{2}$ on aura $2d_1 d_2 \cos(\varphi) \leq 0$

Ce revient à écrire $d_2^2 \geq d_1^2 + d_1^2$

Par induction on obtiendra : $d_h^2 = d_{h-1}^2 + d_1^2 - 2d_{h-1}d_1 \cos(\varphi)$

$$\geq d_{h-1}^2 + d_1^2$$
$$\geq (h-1)d_1^2 + d_1^2$$
$$= h \quad . \quad d_1^2$$

En identifiant $\Delta_{E^2}^{d_H(c,c')} = d_h^2, \Delta_{E^2} = d_1^2$ et $d_H(c,c') = h$

On aura $\Delta_{E^2}^{d_H(c,c')} \geq d_H(c,c')\Delta_{E^2}$

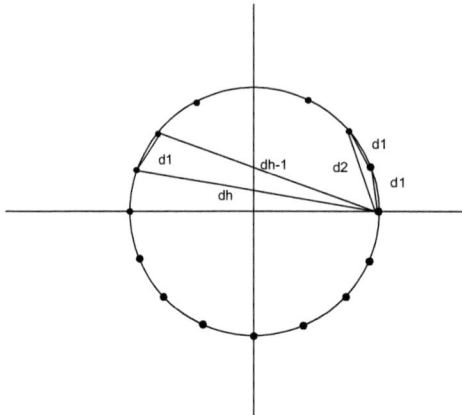

A partir de cette approche dite approche de Zehavie pour le PSK approche de taille arbitraire.L'implication de (17) c'est que tous les codeurs et tous les entrelaceurs, l'étiquetage de Gray PSK préserve la distance de Hamming.Un résultat important de

Un résultat intéressant de l'équation (19) est que les angles dans l'hexagone lattice sont égaux à $\frac{\pi}{3}$ donc l'inégalité (17) ne sera pas respectée donc l'angle de cet hexagone lattice ne doit pas être utilisée.Donc cet hexagone lattice ne sera pas utilisé pour les BICMs.

E. Constellations QAM :

Si l'on considère maintenant 2 constellations QAM.Donc la matrice génératrice

$$M=\begin{bmatrix} \delta_1 & 0 \\ 0 & \delta_2 \end{bmatrix} + (\text{offset}_1, \text{offset}_2). \qquad (20)$$

Avec δ_1 et δ_2 sont des constantes dépendantes de la taille de la constellation et de la normalisation de l'énergie.In a PAM a une constellation a une seule dimension la distance euclidienne entre deux points est :

$$d_E(x,x') \geq d_H(c,c') \ . \ \delta \qquad (21)$$

Donc la distance euclidienne au carré sera égale à : $d_{E^2}(x,x') \geq [d_H(c,c') \ . \ \delta]^2 \geq d_H(c,c') \ . \ \Delta_{E^2} \qquad (22)$

Sachant que $\delta^2 = \Delta_{E^2}$. Dans la constellation a deux dimensions on aura :

$$d_{E^2} = d_{E_1^2} + d_{E_2^2} \qquad (23)$$

$$\geq d_{H_1} . \delta_1^2 + d_{H_2} . \delta_2^2 \qquad (24)$$

En traitant δ_1^2 et δ_2^2 comme des constantes et mettant $d_H = d_{H_1} + d_{H_2}$. On veut minimiser d_{E^2} tout en respectant d_{H_1}. On obtient ensuite

$$\begin{aligned} d_{E^2} &\geq d_{H_1}\delta_1^2 + (d_H - d_{H_1})\delta_2^2 \\ &= d_{H_1}(\delta_1^2 - \delta_2^2) + d_H\delta_2^2 \end{aligned} \quad (25)$$

En prenant la dérivée en respect à d_{H_1} et en mettant égal à zéro met $\delta_1^2 = \delta_2^2$

Cela suggère que l'espacement entre les points dans une constellation QAM ne doivent pas être égaux pour minimiser le carré de la distance Euclidienne. Et il ne propose pas comment on ditribue la distance de Hamming en deux dimensions pour minimiser la distance Euclidienne minimale au carré.

Si on utilise des approximations différentes de d_{E^2} on obtient :

$$d_{E^2} = d_{E_2^2} + d_{E_1^2} \quad (26)$$
$$\geq [d_{H_1}\delta_1]^2 + [d_{H_2}\delta_2]^2 \quad (27)$$
$$= d_{H_1}^2\delta_1^2 + (d_H - d_{H_2})\delta_2^2 \quad (28)$$
$$= d_{H_1}^2\delta_1^2 + (d_H^2 + d_{H_1}^2 - 2d_H d_{H_1})\delta_2^2 \quad (29)$$
$$= d_{H_1}^2(\delta_1^2 + \delta_2^2) + d_H^2\delta_2^1 - 2d_H d_{H_1}\delta_2^2 \quad (30)$$

C'est en différentiant et en mettant à zéro ce qui aboutit à : $d_{H_1} = \dfrac{\delta_2^2}{\delta_1^2 + \delta_2^2} d_H$ (31)

Pour un δ_1 et un δ_2 donné ça permet de nous dire comment distribuer la distance de Hamming en deux dimensions afin de minimiser la distance Euclidienne au carré.

Si $\delta_1 = \delta_2$ d_{H_1} doit être égale à $d_H / 2$ afin de minimiser le carré de la distamce Euclidienne. On peut démontrer que :

$$d_{E^2}(x, x') \geq d_H(c, c').\Delta_{E^2} \quad (32)$$

qui maintient la constellation QAM.

$$d_{E^2} = d_{E_1^2} + d_{E_2^2} \qquad (33)$$

$$\geq d_{H_1}\delta_1^2 + d_{H_2}\delta_2^2 \qquad (34)$$

$$= \frac{\delta_2^2}{\delta_1^2 + \delta_2^2} d_H \delta_1^2 + \frac{\delta_1^2}{\delta_1^2 + \delta_2^2} d_H \delta_2^2 \qquad (35)$$

$$= 2d_H \frac{\delta_1^2 \delta_2^2}{\delta_1^2 + \delta_2^2} \qquad (36)$$

$$\geq 2d_H \frac{\Delta_{E^2}^2}{\Delta_{E^2} + \Delta_{E^2}} \qquad (37)$$

$$= d_H \Delta_{E^2} \qquad (38)$$

quand (35) suit de (31) à (37).De $\Delta_{E^2} \cong \min(\delta_1^2, \delta_2^2)$ Pourcela pour le (17) maintient pour les constellations QAMs.En utilisant (26) et (31) on peut dériver une autre bande minimale.

$$d_{E^2} \geq d_{H_1}^2 \delta_1^2 + d_{H_2}^2 \delta_2^2 \qquad (39)$$

$$= \left(\frac{\delta_2^2}{\delta_1^2 + \delta_2^2} d_H\right)^2 \delta_1^2 + \left(\frac{\delta_1^2}{\delta_1^2 + \delta_2^2} d_H\right)^2 \delta_2^2 \qquad (40)$$

$$= \frac{\delta_1^2 \delta_2^2}{\delta_1^2 + \delta_2^2} d_H^2 \qquad (41)$$

$$\geq \frac{1}{2} d_H^2 \Delta_E^2 \qquad (42)$$

En effet cette deuxième limite croise la limite de la distance minimale Euclidienne au carré avec égalité pour les distances de Hamming paires .Dans la première la distance Euclidienne augmente faiblement suivant la distance de Hamming différemment de la deuxième.

II.5 Conclusion :

L'inégalité (17) donne une relation entre la distance de Hamming et la distance Euclidienne au carré.L'inégalité a été démontrée vrai pour tous les constellations M-PSK et les constellations de BICMs.Une implication est que les hexagones lattices ne peuvent pas être utilisés pour les BICMs.

Les Simulations et les analyses ont démontré que si les bits d'information sont faits dans des constellations non codées alors la dégradation des performances sera inévitable.La dégradation peut être réduite et cela en choisissant des codes convolutionnels et des bonnes constellations .

Dans le cas d'un seul bit non codé ,le bit non codé va se comporter comme dans le cas de BPSK sur un canal de Rayleigh à évanouissements.Dépendemment du choix de la série de partitionnement ,les propriétées UEP de la séquence codée et du bit non codé est altérée.

Résultats de Simulation :

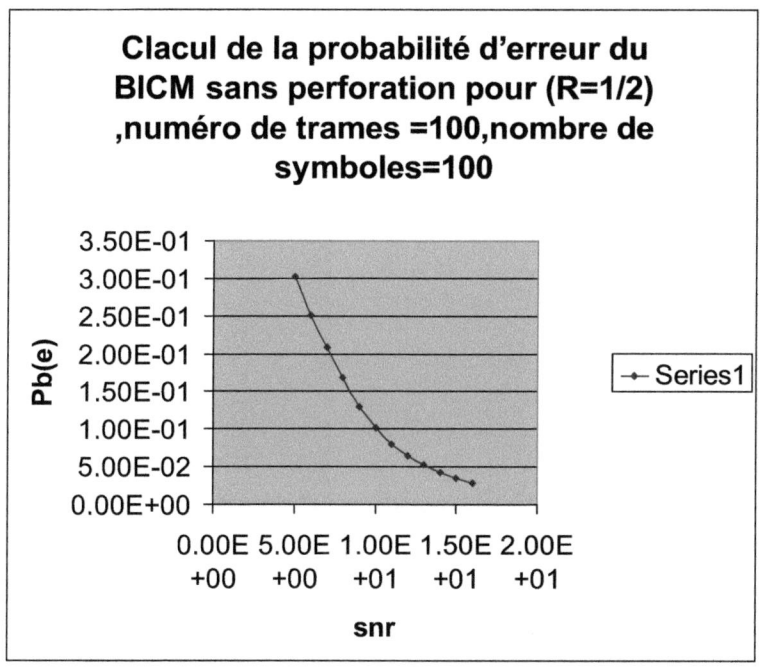

Cependant la simulation du programme avec perforation a marché correctement pour un rendement =3/4.

II.6 BICMs comparés au turbos codes :

Les structures de BICMs son beaucoup plus simples que les structures de Turbo codes et ils introduisent des avantages sur le canal de Rayleigh plus grands que les Turbos codes car les BICMs introduisent des entrelacement au niveau des bits comme les Turbos codes utilisent des grandes séquences de mots de codes ce qui favorise la probabilité d'erreur.

Cependant les BICMs utilisent des codes convolutionnels de la structure de treillis dont la transition d'états est prédéteminé à l'avance.

Malgré que les BICMs performent bien sur les canaux de Rayleigh mais leur performance se dégrade sur les canaux gaussiens et ceci à cause de la modulation aléatoire car les symboles peuvent parvenir de n'importe quelle constellation et ceci va être remédier en utilisant les itérations.Et surtout les retours souples permettent d'améliorer les performances des BICMs car les erreurs de retour diminuent.

II.7 Travail Futur :

La limite dérivée pour la relation entre la distance de Hamming et la distance Euclidienne au carré.Afin d'améliorer les performances du système,on utilise dans la constellation un étiquetage mix tel que les étiquetages différents de différents séries ont une distance de Hamming large et la distance euclidienne est large pour les bits non codés.Li et Ritcey suggère l'étiquetage qui augmente la distance Euclidienne entre les points de la même série tout en maintenant le nombre de voisins de distance minimale plus petit.

Des études sur les entrelaceurs convolutionnels pour voir s'ils augmentent le délai.

74

Bibliographie :

Sites web :www.itr.unisa.edu.au/rd/pubs/thesis/theses.html

www.enst.com

http://www-nt.e-technik.uni-erlangen.de/LITdoc/papers/SCC04_088.pdf

Livres :Digital communications (John Proakis).

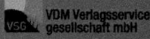

Printed by Books on Demand GmbH, Norderstedt / Germany